Dampfkesselfeuerungen für Braunkohle

Von

Dipl.-Ing. **E. Lenhart**

Oberingenieur des Rheinischen Elektricitätswerkes
im Braunkohlenrevier A.-G. Köln,
Kraftwerk Fortuna

Mit 65 Textabbildungen

Berlin
Verlag von Julius Springer
1928

ISBN-13: 978-3-642-90032-7 e-ISBN-13: 978-3-642-91889-6
DOI: 10.1007/978-3-642-91889-6

Softcover reprint of the hardcover 1st edition 1928

Vorwort.

Das vollkommene Fehlen jeder Literatur über Braunkohlenfeuerungen hat mich, als ich mich im Kesselbetrieb viel mit Feuerungsfragen befassen mußte, gezwungen, durch Beobachtung festzustellen, welche Einflüsse für den Gang der Braunkohlenfeuerungen maßgebend sind. Durch Einführen von Verhältniszahlen ist es mir gelungen, ein System zu schaffen, das die wichtigsten Einflüsse zu beurteilen gestattet. Freilich werden diese Zahlen für jedes Fundgebiet etwas voneinander abweichen und es wurden deshalb die Zahlen stets auf rheinische Braunkohle bezogen, an der die Messungen vorgenommen worden sind.

Das Buch ist nicht für Schulen geschrieben, wo für ein derartiges Spezialgebiet kein Bedarf vorliegt, und setzt deshalb die grundlegenden Kenntnisse der Wärmetechnik und des Feuerungsbetriebes als bekannt voraus. Sein Zweck ist, das gegenseitige Verständnis zwischen Konstrukteur und Betriebsmann, zwischen Käufer und Verkäufer zu unterstützen, damit der eine nicht mehr verlangt, als technisch möglich ist und der andere nicht mehr gewährleistet, als er erreichen kann.

Wenn dem Treppenrost ein so breiter Raum gewidmet wurde, so geschah das nur deshalb, weil an dem Treppenrost, als der von der Kohlenbeschaffenheit am meisten abhängigen Feuerung, alle Störungen sich am stärksten auswirken und deren Kenntnis erst die Vorteile der neueren Feuerungsbauarten richtig einzuschätzen gestattet.

Bei den in allen Zeitschriften zerstreuten neueren Arbeiten über Kohlenstaubfeuerungen schien es mir angezeigt, auch darüber das wichtigste zusammenzuziehen, um ein geschlossenes Bild des heutigen Braunkohlenfeuerungsbaues zu geben, wobei ich mich besonders auf die zahlreichen Untersuchungen von Dr. Rosin stützen konnte.

Zu besonderem Dank verpflichtet bin ich dem Rheinischen Elektricitätswerk im Braunkohlenrevier A.-G. und seinem Direktor, Herrn Dr. Ing. h. c., Dr. phil. e. h. Schreiber für die Erlaubnis, die große Zahl meiner in den Betrieben des R.E.W. vorgenommenen Untersuchungen für die Arbeit verwenden zu dürfen. Dank schulde ich auch den Firmen, welche durch Beistellung von guten Abbildungen ausgeführter Anlagen zur Anschaulichkeit des Textes beigetragen haben.

Fortuna, im Juli 1928.

Ernst Lenhart.

Inhaltsverzeichnis.

Seite

A. Brennstoff und Verbrennung 1
I. Die Brennstoffe 1
1. Das Vorkommen der Braunkohle und ihre wirtschaftliche Bedeutung 1
2. Die Braunkohle am Flöz und im Handel 3
3. Die Abbauverfahren und ihre Einwirkung auf die Kohle . . . 4
4. Förderkohle, ihre Aufbereitung, Transport und Lagerung . . . 8
II. Wärmetechnischer Teil 10
1. Zusammensetzung und Heizwert der Brennstoffe 10
2. Der Verbrennungsvorgang 12
3. Die Bestimmung der Verluste und des Wirkungsgrades . . . 16
4. Betriebs-Meßinstrumente 28

B. Feuerungen für Rohbraunkohle 33
III. Der Muldenrost 35
1. Der Brennstoff 35
2. Ausführungsformen 36
3. Betriebsergebnisse 36
IV. Der Treppenrost 36
1. Der Brennstoff 36
2. Ausführungsformen 53
3. Betriebsergebnisse 57
V. Mechanische Feuerungen 65
1. Der Brennstoff 65
2. Ausführungsformen 67
3. Betriebsergebnisse 75

C. Feuerungen für veredelte Kohlen 78
VI. Feuerungen für stückige veredelte Kohlen 80
1. Der Brennstoff 80
2. Ausführungsformen 81
VII. Die Kohlenstaubfeuerung 81
1. Der Brennstoff 81
2. Die Verbrennungsgrundlagen 90
3. Ausführungsformen 94
4. Betriebsergebnisse 98
VIII. Die Kohlenstaub-Zusatzfeuerung 102
1. Der Brennstoff 102
2. Ausführungsformen 105
3. Betriebsergebnisse 107

D. Allgemeine Forderungen 110
IX. Die Auswahl der Feuerung 110
X. Die weitere Entwicklung 115

Literaturverzeichnis 117

Berichtigung.

Auf Seite 12, 4. Formel lies: $2\,H_2O$ statt $2\,H_1O$.
Auf Seite 42, Abb. 18 links lies: cm^{-1} statt mm^{-1}.
Auf Seite 52 in Abb. 25 sind die Bezeichnungen $\gamma = 1$ und $\gamma = 2$ zu vertauschen.
Auf Seite 52 in Abb. 25 rechte Seite lies:

0, 200, 400, 600, 800, 1000, 1200, 1400° C
statt 0, 2000, 4000, 6000, 8000, 10000, 12000, 14000° C.

Lenhart, Dampfkesselfeuerungen.

A. Brennstoff und Verbrennung.

I. Die Brennstoffe.

1. Das Vorkommen der Braunkohle und ihre wirtschaftliche Bedeutung.

Braunkohle ist das Umwandlungsprodukt fossiler Pflanzen, das in seiner Entwicklung zwischen der älteren Steinkohle und dem jüngeren Torf liegt. Als maßgebend für die Unterscheidung nahm man bisher das geologische Alter an. Da jedoch einige Vorkommen dieser Einteilung direkt widersprechen, ist man bestrebt, auf Grund chemischer und physikalischer Eigenschaften eine genaue Abgrenzung zu treffen.

Als eines dieser Merkmale betrachtet man die braune Farbe des Striches, welche auch bei der trockenen und bei den meisten frisch angebrochenen grubenfeuchten Kohlen erscheint und von welcher sie ihren Namen erhielt. Während jedoch bei trockener Kohle der graubraune Ton beständig ist — das Kasseler Braun wird aus einer besonders dunklen Braunkohle hergestellt — weicht das Braunrot der grubenfeuchten Kohle oft schon nach wenigen Minuten einem stumpfen Grauschwarz. Daraus erklärt sich der sonderbare Anblick, daß ein Braunkohlentagebau schwarz aussieht.

Die Bedeutung der Braunkohle als Wirtschaftsfaktor tritt nur in einigen europäischen Ländern hervor, in denen sie infolge günstiger Lagerungsverhältnisse billig abgebaut werden kann. Damit sind jedoch die Braunkohlenvorkommen nicht erschöpft. Die Verteilung der bekannten Steinkohlenvorkommen der Welt von ca. 4,3 Billionen Tonnen und der bekannten Braunkohlenvorkommen von ca. 3 Billionen Tonnen ist in Zahlentafel 1 zusammengestellt.

Zahlentafel 1. Verteilung der bekannten Vorkommen an Steinkohle und Braunkohle auf die Erdteile *(1)*[1].

	Steinkohle %	Braunkohle %	Anteil des Kontinents am Flächeninhalt des Festlandes %
Europa	14,6	1,3	6,1
Asien	27,2	3,7	30,0
Amerika	53,7	93,7	38,3
Australien	3,2	1,2	5,2
Afrika	1,3	0,1	20,4

[1] Die eingeklammerten Kursivzahlen geben die Ordnungsnummern der als Quelle benutzten Werke und Zeitschriftenaufsätze, unter denen diese in dem am Schlusse beigefügten Literaturverzeichnis aufgeführt sind.

Der Braunkohlenvorrat Amerikas, der noch kaum erschlossen ist, ist überragend. Bei den großen Entfernungen und dem Reichtum des Landes an Steinkohlen und Wasserkraft müssen jedoch die meisten dieser Braunkohlenvorkommen vorläufig als nicht abbauwürdig gelten. Daher stehen die Förderziffern, welche in Zahlentafel 2 zusammengestellt sind, mit den Vorratsmengen in keinem Zusammenhang.

Zahlentafel 2. Die Welt-Braunkohlenförderung in 1000 t *(1)*.

	1913	1924	1925	Anteil an der Weltförderung 1925 %
Deutschland	87233	124637	139790	79,0
Tschechoslowakei	23017	20507	18789	10,6
Deutsch-Österreich	2621	2786	3059	
Ungarn	5954	5650	5521	
Frankreich	800	939	1007	
Holland	—	191	—	
Italien	697	1046	1500	7,25
Spanien	277	412	386	
Polen	192	88	63	
Bulgarien	348	950	1127	
Griechenland	—	111	113	
Rußland	2936	1539	901	
Vereinigte Staaten	470	2141	2125	
Kanada	193	3219	3285	3,15
Andere Länder	250	200	200	
Weltförderung	124988	164416	177866	100

Danach hat Deutschland an der Braunkohlenförderung den Hauptanteil und es wird genügen, neben der wirtschaftlich bedeutenden und geologisch verschiedenen böhmischen Braunkohle hauptsächlich die deutschen Verhältnisse zu betrachten. Immerhin ist es interessant, daß die geringe Braunkohlenförderung Nordamerikas von 1913 bis 1924 eine Zunahme auf das Achtfache erfuhr.

Die hochwertige böhmische Braunkohle wird zum größten Teil als Rohkohle verfeuert. Es bestehen dort nur wenige Brikettfabriken. Dagegen hatte die deutsche Braunkohle, sobald sie über das engste Fundgebiet hinaus wollte, mit den guten deutschen Steinkohlen zu kämpfen. Die Folge war, daß ein größerer Braunkohlenversand nur in einer veredelten Form möglich war. Noch mehr als die rein technischen Eigenschaften zwangen die hohen Frachttarife zu einer Veredelung der Braunkohle. Daher wandern von der gesamten Rohkohlenförderung Deutschlands etwa die Hälfte in die Brikettfabriken, um nach Abzug des Eigenverbrauchs als Brikett in den Handel zu kommen.

In die andere Hälfte der Förderung teilen sich die Rohkohlenverbraucher. Diejenigen Industrien, welche große Mengen an Brennstoffen verbrauchen, ohne von anderen Rohmaterialien stark abhängig zu sein, z. B. Elektrizitätswerke, chemische und metallurgische Fabriken, Luftstickstoffwerke, haben es vorgezogen, sich am Gewinnungsorte der Kohle niederzulassen und die Rohkohlen lieber mit etwas höheren Rauchgas- und Kondensationsverlusten zu verfeuern, als für sie teuere Fracht zu bezahlen.

Eine zweite Gruppe der Abnehmer ist durch andere Gründe an Orte gebunden, die nicht mehr im Aktionsradius der Rohkohle liegen. Um sie zum Braunkohlenverbrauch zu bewegen, muß die Kohle durch Brikettierung veredelt werden, damit sie den Kampf mit der Steinkohle erfolgreich aufnehmen kann. Als eine Sondergruppe treten die Haushaltungen auf, welche das Braunkohlenbrikett nicht wegen des Preises, sondern wegen seiner Rauchlosigkeit, der lange nachhaltenden Glut und der harmlosen Asche bevorzugen und für die Brikettindustrie einen sicheren, von Konjunkturschwankungen wenig beeinflußten Abnehmer darstellen. In Zahlentafel 3 ist zusammengestellt, wie sich der Absatz Mitteldeutschlands an Rohkohlen und Briketts im Jahre 1926 auf die einzelnen Abnehmergruppen verteilte.

Zahlentafel 3. Verbraucher mitteldeutscher Braunkohlen *(2)*.

	Rohbraunkohle %	Braunkohlenbriketts %
Brikettfabriken	28	—
Chemische Industrie	16	4,1
Elektrizitätswerke	18	1,7
Kaliindustrie	5	0,7
Textilindustrie	5	2,6
Erz- und Eisenindustrie	2	3,2
Papierindustrie	4	2,2
Hausbrand	3	63,8
Zuckerindustrie	5	0,4
Maschinenindustrie	3	6,3
Glas- und Porzellanindustrie	5	6,7
Übrige Industrien	6	8,3
zusammen	100	100,00

2. Die Braunkohle am Flöz und im Handel.

Als allgemeines chemisches Merkmal der Braunkohle gilt, daß der Zersetzungsprozeß bei ihr noch nicht soweit fortgeschritten ist, wie bei der Steinkohle. Sie enthält also weniger reinen Kohlenstoff, dafür mehr flüchtige Bestandteile, Kohlenwasserstoffe und Sauerstoff. Je nach ihrem geologischen Alter zeigt die Braunkohle verschiedene Eigenschaften und verschiedenes Aussehen. In Böhmen lagert sie in drei Flözen, die im allgemeinen mit zunehmender Tiefe bessere Kohlen bringen. Die besten böhmischen Braunkohlen, auch Pechkohlen genannt, haben muscheligen Bruch und glänzende Bruchfläche. Sie sind von hoher mechanischer Festigkeit. Ein großer Teil der anderen besteht aus derben schwarzbraunen Massen und das obere Flöz läßt fast überall recht deutlich lignitische Struktur erkennen. Im mitteldeutschen Gebiet haben die Kohlen meist erdige, feinkörnige Beschaffenheit, bis auf die guten Kohlen des Halleschen Reviers, welche Stückigkeit und größere mechanische Festigkeit aufweisen. Die Braunkohlen des rheinischen Reviers sind im allgemeinen lignitischer Natur, brechen stückig, sind jedoch von mäßiger Festigkeit und haben in den oberen Schichten die Holzstruktur sehr deutlich erhalten. Diese eingeschlossenen Baumstämme besitzen auch noch große Elastizität und bilden, da sie, statt zu brechen, zerfasern, eine ständige Störungsquelle für die Abbaumaschinen und Brechwerke.

Wesentlich für den Wert der Braunkohle ist ihr Wassergehalt. Er schwankt je nach dem Alter und dem Fundort der Kohle zwischen 30 und 65%. Da auch die wasserfrei gedachte Kohle wegen ihres hohen Sauerstoffgehaltes der Steinkohle noch nicht ebenwertig ist, ist es verständlich, daß das Streben, die Braunkohle durch Entfernen des Wassers zu veredeln, fast ebenso alt ist wie der Braunkohlenbergbau selbst. So alt ist jedoch der Braunkohlenbergbau gar nicht, denn eben, weil die Kohle minderwertig ist, vermochte sie erst wirtschaftliche Bedeutung zu erlangen, als sie durch die Entwicklung maschineller Abbaumethoden billig gefördert werden konnte.

Dem Verbraucher ist das Arbeiten mit Steinkohle leichter, denn sie ist nicht nur geologisch, sondern auch im Handel die ältere. Ihre Abbaumethoden sind seit langem durchgebildet und ihre Klassierung ist bis auf geringe Unterschiede durchgeführt. Die Braunkohle hatte eine stürmischere Entwicklung durchzumachen und es ist bloß die veredelte Form, das Braunkohlenbrikett, welche als Markenartikel im Handel erscheint. Die gelegentlich vorkommenden geringen Unterschiede in der Beschaffenheit der Briketts werden durch eine einheitliche Preis- und Absatzregelung der Syndikate ausgeglichen. Es ist auch nicht zu übersehen, daß zwei Drittel der Briketts als Hausbrand Verwendung finden und man dort Qualitätsbegriffe noch kaum kennt.

In Böhmen, wo die Rohbraunkohle verfeuert wird, hat man im allgemeinen eine Klassierung in Stückkohle, Würfelkohle, Nuß- und Staubkohle vorgenommen. In Deutschland ist dagegen eine Klassierung der Rohkohle wenig durchgeführt, man unterscheidet meist nur zwischen Förder- und Siebkohle. Die Auswahl der Siebe trifft jedoch jede Grube nach dem Bedarf der Brikettfabrik. Da nun die verschiedenen Gebiete: Österreich, Böhmen, Ost-, Mittel- und Westdeutschland ganz verschiedene Kohlen fördern und die Beschaffenheit der Kohle von Grube zu Grube, ja sogar in den verschiedenen Sohlen einer Grube wechselt, wird es notwendig sein, auf diese Verhältnisse noch öfter hinzuweisen. Nicht zu vernachlässigen ist auch der Einfluß der Abbaumaschinen, auf den im folgenden näher eingegangen werden soll.

3. Die Abbauverfahren und ihre Einwirkung auf die Kohle.

Betrachten wir zunächst den Tagebau, der einen großen Teil der Braunkohlengewinnung umfaßt. Da ist man vom Handbetrieb fast überall zum maschinellen Abbaubetrieb übergegangen. Auch das Deckgebirge wird mit einem Abraumbagger entfernt und bei großen Betrieben durch Abraumförderbrücken gleich wieder in den abgebauten Teil der Grube gestürzt. Sind die Abnehmer (insbesondere die Brikettfabriken) gegen Sand sehr empfindlich, so wird der Kohlenstoß noch von Hand nachgereinigt.

Zum Abbau der Kohle selbst verwendet man im Tagebau Bagger von beträchtlichen Abmessungen. Die Wirkungsweise des Baggers ist am einfachsten mit der eines Fräsers zu vergleichen. Ein spanabhebendes Werkzeug wird an dem Stoß vorbeigeführt und schneidet dabei die Kohlen ab. Damit der Schnitt fortlaufend geht, ist es notwendig, nach Einstellung der Schnittiefe das Werkzeug die dazu senkrechte

Abb. 1. Kratzbagger der Friedr. Krupp A.-G., Essen.

Ebene bestreichen zu lassen. Man erreicht dies durch zwei verschiedene Bewegungen in zwei zueinander senkrechten Richtungen. Das Aufnehmen und Abfüllen der abgeschnittenen Kohle ist eine von dem Schneiden unabhängige Arbeit, die von einer besonderen Vorrichtung besorgt werden kann.

Am deutlichsten ist diese Ausführung des Schneidwerkzeuges an den sogenannten Hauern zu erkennen, die jedoch nicht mehr gebaut werden. Eine mit Reißzähnen besetzte Trommel wird an Seilen an dem Stoß heruntergelassen und durch einen angebauten Motor in Drehung versetzt. Die Schnittiefe stellt sich durch die Führungsrollen des Wagens ein. Der Vorschub in einer Richtung wird durch Auf- und Abwickeln der Hängeseile erreicht. Den Vorschub in der Stoßrichtung besorgt die Baggerantriebsmaschine, die auf Gleisen, welche auf dem Stoß liegen, parallel zum Stoß verfahren wird. Ist der Stoß in mehreren Schnitten abgebaggert, so müssen die Gleise senkrecht zur Fahrtrichtung gerückt werden. Die abgerissene Kohle rieselt bis auf die Sohle des Stoßes herunter und wird dort von einem ebenfalls parallel zum Stoß verfahrbaren Eimerkettenbagger aufgenommen und in den angebauten Verladebunker gestürzt, aus dem sie für die Förderstrecke abgezogen wird. Schneidbagger und Transportbagger sind also hier zwei vollständig voneinander getrennte Maschinen.

Eine andere, auf ähnlichem Prinzip beruhende Ausführung stellt der Kratzbagger dar (Abb. 1). Bei ihm wird an Stelle der Reißtrommel

Abb. 2. Löffelbagger der Demag, Duisburg.

eine endlose Kette benutzt, die über einen senkrecht zum Stoß schwenkbaren Ausleger läuft. Die Kette ist auf der Außenseite mit Reißzähnen besetzt. Die Schnittiefe wird durch den Ausleger eingestellt, den Vorschub in der Stoßhöhe besorgt die endlos umlaufende Kette und der Vorschub parallel zum Stoß erfolgt kontinuierlich durch Verfahren des Baggers auf Gleisen längs des Stoßes. Die abgerissene Kohle rieselt wieder auf die Sohle des Stoßes und wird von den an den Bagger angebauten Eimerketten aufgenommen und in den Verladebunker gestürzt. Dieser Zusammenbau von Kratzer und Eimerkette ist natürlich nur möglich, wenn der Bagger auf der Sohle des Stoßes steht, also als Hochbagger wirkt. Wollte man ihn als Tiefbagger bauen, so daß er auf dem Stoß stehen und mit hängender Kratzkette arbeiten würde, so müßte auf der Sohle des Stoßes noch ein besonderer Transportbagger stehen wie beim Hauer. Die doppelte Gleisrückarbeit macht diese Ausführung gegenüber dem Hochbagger unterlegen.

Einen anderen Weg beschritt man, indem man versuchte, die Handschaufel in geeigneter Form zu vergrößern und mechanisch anzutreiben. Man kam dadurch zum Löffelbagger, Abb. 2, dessen Ausleger nur einen großen, mit Schneidzähnen bewehrten Löffel trägt. Als Antriebsmaschine benutzt man Dampfmaschine, Elektro- oder Verbrennungsmotor. Die Entleerung wird durch Drehen des Löffels oder durch Öffnen einer Bodenklappe bewirkt. Wegen der verhältnismäßig geringen Leistung wird er nur an kleinen Stößen und besonders an solchen verwendet, welche eine hohe Schneidkraft erfordern. Man sieht

Abb. 3. Eimerkettenbagger der Lübecker Maschinenbaugesellschaft.

ihn daher häufiger an stehengebliebenen Pfeilern und am Schnitt der Stöße zum Vorarbeiten.

Die Vereinigung der Vorteile von Kratzbagger und Löffelbagger brachte der Eimerkettenbagger (Abb. 3), der ebenfalls die Kohle gleich schneidet und fördert. Die Einstellung der Schnittiefe erfolgt wieder durch Senken des Auslegers, die eine Vorschubbewegung macht die Kette, die andere parallel zum Stoß, der ganze Bagger. Diese Baggerart kann sowohl als Hoch- wie auch als Tiefbagger gebaut werden. Auch gibt es Ausführungsformen, die für beide Arten verwendbar sind.

Nicht ganz zu vermeiden ist auch die Handarbeit. Sie erfolgt nach alter Weise mit der Hacke. Man verwendet sie oft, um an der Stoßstelle zweier Baggerschnitte eine Lücke zu schaffen, damit die Bagger auslaufen können. Dabei wird in die Kohle ein Trichter gearbeitet, unter dessen Auslauf ein Stollen zum Abziehen der Kohle getrieben wird.

Diese Rollochkohle, die aus dem Trichter in den Förderwagen abgezogen wird, macht jedoch bei den Tagebaubetrieben nur wenige Prozente der Kohlenförderung aus.

Die Kohlen, welche im Tiefbau gewonnen werden, zeichnen sich den im Tagebau gewonnenen gegenüber meist durch einen höheren Heizwert und durch höhere mechanische Festigkeit aus.

Man hat lange Zeit im Tiefbau die Kohle nur durch Handarbeit gewonnen, da die weiche Kohle bedeutend höhere Förderzahlen je Schicht ergibt als die harte Steinkohle. Allmählich machte man sich jedoch auch die im Steinkohlenbergbau üblichen maschinellen Abbaumethoden zu eigen, begann mit der Schießarbeit und schließlich mit Schrämmaschinen. Die Anwendung hängt jedoch sehr vom Deckgebirge, von der Kohle selbst und von den Förderkosten ab.

Die meisten Kohlen des mitteldeutschen Reviers, soweit sie im Tagebau gewonnen werden, neigen stark zum Zerfallen, es sind die erdigen oder mulmigen Braunkohlen, deren Verarbeitung der Schwelerei so viele Schwierigkeiten macht. Gegenüber dieser ursprünglichen Eigenschaft der Kohle haben die mechanischen Einflüsse der Abbaumaschinen geringere Bedeutung. Anders ist es bei der rheinischen Braunkohle, welche stückig anfällt.

4. Förderkohle, ihre Aufbereitung, Transport und Lagerung.

Wenn die Kohle stark lignitischer Natur ist, so finden sich oft holzige Stücke von Armlänge und Schwellenstärke. Andererseits zermahlen besonders die Kratzbagger einen Teil der Kohle sehr stark und das Herabfallen der losgerissenen Kohle aus etwa 20 m Höhe sorgt ebenfalls für eine starke Zerkleinerung. So kommt es, daß jeder Bagger neben großen Stücken auch einen Teil ganz feiner Kohle mitbringt. Schon mit Rücksicht auf Verstopfungen in den Verteilschurren und auf den weiteren Transport mit Becherwerken oder Bändern ist es nötig, die Kohle bis auf ca. 100 mm Korngröße zu brechen. Erfolgt die Förderung über eine Brikettfabrik, so wird die Kohle meist stärker gebrochen, damit die Siebe die nötigen Mengen mit Körnung unter 10 mm ergeben, die für den Betrieb mit Dampftrocknern und auch bei anderen Bauarten für eine hohe Trocknerleistung und für gleichmäßige Trocknung erforderlich sind. Die über die Siebe laufende Knorpelkohle wird dann an die Rohkohlenabnehmer oder die eigenen Kesselhäuser abgegeben.

Ist jedoch die Leistung der Brikettfabrik im Verhältnis zum Rohkohlenabsatz klein, wie dies mit dem Steigen des Rohkohlenverbrauches immer häufiger vorkommt, so muß der abzuliefernden Kohle Förderkohle zugesetzt werden, oder der Abnehmer wird überhaupt nur mit Förderkohle beliefert. Dieser wird nun gezwungen sein, die Förderkohle nochmals zu brechen, um die gewünschte Korngröße zu erhalten. Dabei wird wieder ein Teil der Kohle zu Feinkohle zermahlen werden und es kommt vor, daß derart aufbereitete Kohle bis 50% von einer Körnung unter 5 mm enthält.

Die Verfeuerung der Kohle auf Rosten verlangt jedoch eine möglichst gleichbleibende Körnung. Es ist merkwürdig, daß diese Forderung, die bei Steinkohle als selbstverständlich empfunden wird, bei der Rohbraunkohle noch so wenig Beachtung gefunden hat. Ja, man begegnet häufig der Auffassung, Braunkohlenroste seien Universalfeuerungen, die alles verdauen müssen. Wohl richtig, aber eben, weil sie so verschiedenartig verwendbar sind, müssen alle anderen Bedingungen, von denen die Feuerführung abhängt, möglichst dem Rost angepaßt werden.

Wenn also die Grube keine gleichmäßige Kesselkohle liefert, dann muß man sie für Rostfeuerung nochmals aufbereiten. Man darf dabei jedoch nie vergessen, daß Braunkohlen nicht die mechanische Festigkeit der Steinkohlen haben und auch in weit gestellten Brechern sich gegenseitig stark zermalmen. Am besten ist es daher, die Kohle erst durch einen Vorbrecher zu schicken, der besonders die holzigen Stücke zertrümmern soll und sie dann in einem zweiten Brecher auf die richtige Korngröße zu bringen. Wird die Kohle nach dem Brecher noch mehrmals umgeladen, so muß dies durch größere Körnung am Brecher im voraus ausgeglichen werden. Sehr schädlich für weiche Kohlen sind auch große Bunker. Beim Auffüllen leerer Bunker mit 10—15 m Fallhöhe werden Hunderte von Tonnen der abstürzenden Kohle förmlich zu Staub zerschlagen; es ist deshalb anzuempfehlen, große Bunker nicht zu tief absinken zu lassen.

Dies ist auch aus einem anderen Grunde wünschenswert. Von einem Bunker mit z. B. 500 t Inhalt, nehmen normal nur etwa 300 t am Durchsatz teil. Der Rest hängt als feste Mauer an den Bunkerwänden und wird durch die starke und wechselnde Pressung stark zerdrückt. Läßt man den Bunker ganz absinken, so stürzt ein Teil dieser Wände ein. Beim Auffüllen müssen auch diese Wände wieder mit guter Kohle aufgefüllt werden. Ein Rest von etwa 20% des Bunkerinhaltes ist überhaupt nur durch Nachstoßen zum Abstürzen zu bringen. Da dieser Rest, der nie wechselt, durch Undichtigkeiten der Bunkerwand leicht zum Brandherd werden kann, ist es richtig, wenn auch bei dauerndem Betrieb der Bunker einmal im Jahre vollständig geleert wird. Kommt der Bunker außer Betrieb, so soll er ebenfalls leer sein, denn ein gefüllter Bunker gerät nach 6—12 Monaten leicht in Brand, und da der Brandherd meistens sehr tief sitzt, muß dann der Bunker vielleicht zu ungelegenster Zeit entleert werden.

Besonders hingewiesen sei noch auf die aussortierende Wirkung jeder Kohlenumlagerung. Schurren, Abstreifer, Lutten, bei welchen der Kohlenstrom unter einem Winkel gegen die Vertikale abfließt, also mehr oder minder eine Wurfparabel bildet, werfen stets die stückigen Kohlen weiter weg als die feinen. Ein solcher Schüttkegel besteht dann auf der einen Seite aus Feinkohle, auf der anderen aus Stückkohle. Trifft ein solcher Kohlenstrom noch auf ein Hindernis, z. B. einen Balken im Bunker, so teilt dieser den Kohlenstrom und es entstehen nebeneinander zwei Schüttkegel, wovon der eine Feinkohle, der andere Stückkohle enthält.

Auch der einfache Schüttkegel wirkt noch aussortierend insofern, als die Stücke stets nach außen rollen. Man muß deshalb beim Bekohlen des Bunkers die Abwurfstelle wenigstens jede Viertelstunde verlegen, damit möglichst viele kleine Schüttkegel entstehen. Ein großer Teil der Unregelmäßigkeiten im Feuerungsbetrieb ist nicht auf die Feuerung selbst, sondern auf derartige kleine Mängel in der Bekohlung zurückzuführen.

II. Wärmetechnischer Teil.

1. Zusammensetzung und Heizwert der Brennstoffe.

Wertvoll für den Verbraucher ist die Kenntnis des Heizwertes eines Brennstoffes und des Wirkungsgrades der Verbrennung. Unter Heizwert versteht man die Menge der Wärmeeinheiten, kcal., welche bei der vollständigen Oxydation von 1 kg eines Brennstoffes frei werden.

Die meisten Brennstoffe enthalten Feuchtigkeit, die sie durch ihr hygroskopisches Vermögen und durch Kapillarwirkung aufnehmen. Von dieser kann der Brennstoff durch vorsichtiges Erwärmen über die Verdampfungstemperatur des Wassers vollständig befreit werden. Läßt man diese getrocknete Kohle an feuchter Luft liegen, so nimmt sie bis zu einer gewissen Grenze Wasser auf. Man bezeichnet sie als die hygroskopische Grenze. Bei sonst trockener Braunkohle beträgt diese etwa 17 %, doch ist sie sehr von der Temperatur und der Luftfeuchtigkeit abhängig. Diese Feuchtigkeit nimmt die vollständige trockene Kohle aus dem Wasserdampf der Luft, also als Gas auf.

Die grubenfeuchte Kohle hat jedoch einen bedeutend größeren Feuchtigkeitsgehalt, als der hygroskopischen Grenze entspricht. Die Menge dieses Wassers hängt vor allem von dem geologischen Alter und der Lagerung der Kohle ab und hat keine genaue Grenze. Beide Wassermengen zusammen, welche ohne chemische Umsetzung bloß durch Verdampfen entfernt werden können, faßt man unter dem Namen Wassergehalt zusammen. Er ist, wie Zahlentafel 4 zeigt, bei manchen Kohlen höher als der Anteil an Brennbarem. Außer dem Wasser enthält jede Kohle noch mineralische Bestandteile, welche nach Verbrennen des Brennbaren als Asche zurückbleiben. Den Rest bildet das Brennbare selbst, das wieder aus verschiedenen Elementen besteht. Hauptsächlich vertreten sind Kohlenstoff (C), Wasserstoff (H), Sauerstoff (O), Stickstoff (N) und Schwefel (S). Wenn diese Elemente rein oder in bekannten Verbindungen auftreten würden, so könnte der Heizwert der Kohle aus den bekannten Heizwerten der einzelnen Bestandteile genau berechnet werden. Nun stecken jedoch die H- und O-Atome mit einem Teil des C in recht komplizierten und teilweise unbekannten chemischen Verbindungen. Der Sauerstoff steht also in der Kohle bereits in einer niederen Oxydationsstufe, deren Bildungswärme unbekannt ist, von dem aus der Elementaranalyse berechneten Heizwert jedoch abgezogen werden müßte. Der experimentell bestimmte Heizwert wird daher trotz der unvermeidlichen Meßfehler genauer als der aus der Elementaranalyse berechnete. Man hat sich deshalb auf die experimentelle Bestimmung des Heizwertes mittels der kalorimetrischen Bombe geeinigt[4]).

Wie eben gezeigt, enthält der Brennstoff Feuchtigkeit und bildet auch bei der Verbrennung des Wasserstoffes noch Wasser. Die aus dem

Wasserstoff bei der Verbrennung entstandene Wassermenge nennt man Verbrennungswasser und rechnet sie in Prozenten vom Rohkohlengewicht. Wassergehalt der Kohle und Verbrennungwasser sind nach erfolgter Verbrennung in Dampfform in den heißen Verbrennungsgasen enthalten. Die zu ihrer Verdampfung benötigte Verdampfungswärme ist beträchtlich und es ergibt sich die Frage, soll dieselbe vom Heizwert abgezogen werden oder nicht?

Physikalisch betrachtet, hat der Brennstoff diese Verdampfungswärme erzeugen müssen, dieselbe ist Bestandteil des Heizwertes.

Auf diesem Standpunkt steht der Physiker und ihm hat sich in Amerika die Praxis angeschlossen. Im Jahre 1925 hat sich auch der Deutsche Normenausschuß dafür entschieden und hat den oberen Heizwert H_o als Berechnungsgrundlage vorgeschrieben.

Der Praktiker vertrat eine andere Anschauung. Da die wenigsten unserer Apparate gestatten, die Verdampfungswärme der Rauchgase auszunutzen, zog er dieselbe gleich vom Heizwert des Brennstoffes ab und schuf so den unteren Heizwert,

$$H_u = H_o - 600\,w, \tag{1}$$

wobei w die Summe aus Wassergehalt und Verbrennungswasser, bezogen auf das Brennstoffgewicht = 1 bedeutet. Der Widerspruch dieser Berechnungsweise leuchtet ein. Es wird der Mangel des Wärmeaustauschers, daß er die Verdampfungswärme nicht ausnutzen kann, dem Brennstoff zur Last gelegt. Bei einem Apparat, der auch die Verdampfungswärme ausnutzt, könnte sich daher bei dem Rechnen mit H_u ein Wirkungsgrad von über 100% ergeben. Auf jeden Fall würde die Wärmebilanz, das ist die Summe aus ausgenutzter und unausgenutzter Wärme im Verhältnis zu H_u mal Brennstoffverbrauch, mehr als 100% betragen.

Trotz dieser Mängel war das Rechnen mit dem unteren Heizwert bis 1925 in Deutschland Norm und ist auch jetzt noch zugelassen und in Gebrauch. Es wird auch schwerlich verschwinden, da man in Deutschland zu sehr an die hohen Zahlen von Wirkungsgraden gewöhnt ist. Trotzdem ja in Wirklichkeit die Wärmeausnutzung gleich ist, ergeben sich bei dem Rechnen mit oberem und unterem Heizwert verschiedene Wirkungsgrade.

Dies zeigt am besten ein Beispiel:

Rohbraunkohle: Brennbares 38%, Asche . . . 2%, Wasser . . 60% } 100%

Verbrennungswasser 20%

Oberer Heizwert $H_o = 2480$ kcal.

Unterer Heizwert $H_u = H_o - 600 \cdot w = 2480 - 600\,(0{,}60 + 0{,}20) = 2000$ kcal.

Im Apparat aufgenommene Wärme je Kilogramm Brennstoff 1600 kcal.

Wirkungsgrad, bezogen auf unteren Heizwert $H_u = \frac{1600 \cdot 100}{2000} = 80\ \%$.

Wirkungsgrad, bezogen auf oberen Heizwert $H_o = \frac{1600 \cdot 100}{2480} = 64{,}5\%$.

Zahlentafel 4. Zusammensetzung

Brennstoff	Kohlenstoff C %	Wasserstoff H %
Sächsische Steinkohlen	63—76	3,5—5,5
Schlesische Steinkohlen	68—76	3,5—4,8
Saarländer Steinkohlen	65—80	4,0—5,2
Westfälische Steinkohlen	73—83	3,5—5,0
Englische Steinkohlen	69—81	4,0—5,0
Böhmische Steinkohlen	55—70	3,0—4,5
Anthrazit	84—92	3,5—4,8
Steinkohlenbriketts	74—84	3,5—4,5
Koks, lufttrocken	80—90	0,5—1,5
Torf gepreßt	38—49	3,0—4,5
Böhmische Braunkohle	46—56	3,5—5
Mitteldeutsche Braunkohle	28—31	2—3
Rheinische Braunkohle	24—28	1—3
Braunkohlenbriketts	49—56	4—5
Braunkohlenstaub	48—56	2—6
Braunkohlenschwelkoks trocken	65—70	2—3

Um den geteilten Gewohnheiten in Deutschland Rechnung zu tragen, wurde daher in den Zusammenstellungen von Versuchsergebnissen die Rechnung auf oberen und auf unteren Heizwert durchgeführt. Das Rechnen mit dem oberen Heizwert ist schon deshalb zu empfehlen, weil dabei der Verlust durch Verdampfungswärme als Posten in der Bilanz erscheint und man das Urteil über die Höhe dieses Verlustes nicht verliert.

In Zahlentafel 4 sind die Grenzen, in denen sich Zusammensetzung und Heizwert verschiedener Kohlen bewegt, zusammengestellt.

2. Der Verbrennungsvorgang.

Zur Verbrennung der Kohle steht uns als billigstes Mittel die atmosphärische Luft zur Verfügung. Diese enthält ca. 79 Volumprozente = 76,8 Gewichtsprozente Stickstoff und 21 Volumprozente = 23,2 Gewichtsprozente Sauerstoff. Da ohnehin die 79% Stickstoff bei der Verbrennung als leerer Ballast mitgeschleppt werden, wird man bestrebt sein, den Sauerstoff möglichst voll auszunutzen. Für die Verbrennung kommen folgende chemische Formeln in Betracht:

$$C + O_2 = CO_2$$
$$2C + O_2 = 2CO$$
$$2CO + O_2 = 2CO_2$$
$$2H_2 + O_2 = 2H_1O$$
$$S + O_2 = SO_2.$$

Das heißt, bei Verbrennung des Kohlenstoffes zu Kohlendioxyd bleibt das Raumverhältnis gewahrt, eine Volumeinheit Sauerstoff kann nur eine Volumeinheit Kohlendioxyd bilden. Wird also der Sauerstoff vollkommen verbraucht, so müssen sich neben den 79% Stickstoff 21% CO_2 vorfinden. Anders ist es bei der Verbrennung des Kohlenstoffes verschiedener Brennstoffe in Gewichtsteilen *(3)*.

Sauerstoff + Stickstoff O + N %	Schwefel S %	Wasser %	Asche %	Oberer Heizwert H_o %	Unterer Heizwert H_u %
7—10	0,3—2	5—15	2—8	6360—7220	6000—7000
8—10	0,5—1,8	2—6	4—14	6600—7500	6300—7300
7—11	0,5—2	1—6	3—7	6600—7800	6300—7600
4—11	0,5—1,5	1—4	2—9	7500—8100	7200—7900
5—11	0,5—2,5	1—10	2,5—10	6630—7800	6400—7200
8—13	0,7—2	2—14	6—16	5800—7000	5500—6800
2—5	0,5—1,5	0,8—3,5	3—7	7780—8100	7500—8000
3—7	0,7—1,5	1—4,5	5—9	7670—8000	7400—7800
1,5—5	0,5—1,5	1—5	5—12	6700—7500	6600—7400
19—28	0,2—1	16—29	1—9	3300—5000	3000—4800
9—16	0,2—3	18—32	2—10	4500—5700	4000—5400
7—10	1—1,5	47—55	3—8	2400—2900	2000—2500
8—14	0,2—1	56—64	0,8—2,5	2200—2600	1800—2200
15—23	0,2—4	10—18	4—15	4870—5370	4500—5100
15—28	0,2—4	9—18	3—15	4870—5500	4500—5200
0,5—14	2—3,5	—	15—25	5300—5900	5200—5800

zu Kohlenoxyd. Hier werden aus 1 Volumen Sauerstoff 2 Volumen Kohlenoxyd, das Endergebnis ist eine Volumvergrößerung auf 79 + 2·21%. Wird Kohlenoxyd weiter verbrannt, so entstehen aus 2 Volumen CO und 1 Volumen O_2 nur 2 Volumen CO_2, es tritt also wieder eine Volumverkleinerung ein. In der Gewichtssumme bleibt es gleich, ob die 21 Volumprozent Sauerstoff zu 21% CO_2 oder zu 21% CO + 10,5% O_2 verbrannt wurden. Ein Sauerstoffüberschuß besteht rechnerisch nicht, da bei Verbrennung des CO zu CO_2 der restliche Sauerstoff verbraucht wird. Volumetrisch läßt sich jedoch der Unterschied leicht nachweisen, da im ersteren Falle 79 + 21%, im zweiten 79 + 21 + 10,5% Gas entstanden sind. Enthält der Brennstoff noch Wasserstoff, der zu H_2O verbrennt, so bindet er einen Teil des Sauerstoffes und die höchstmögliche CO_2-Grenze kann nicht mehr 21% erreichen. Trägt man in einem Koordinatensystem die Prozente CO_2 und O_2 auf, so kann man durch Verbinden des Punktes O_2 = 21% mit dem für einen bestimmten Brennstoff höchst erreichbaren CO_2 das bekannte Verbrennungsdreieck erhalten, das man noch durch Eintragung der Linien für unvollkommene Verbrennung vervollständigen kann. In Abb. 4 sind solche Verbrennungsdreiecke für Rheinische Rohbraunkohle und daraus erzeugten Braunkohlenstaub gezeichnet.

Nach diesen Linien ist es nicht schwer, die Luftüberschußverhältnisse zu bestimmen, wenn man die Volumverhältnisse messen kann. Diese Messung ermöglicht der Orsatapparat, bei dem ein bestimmtes Meßvolumen trockener Rauchgase erst mit Kalilauge behandelt wird, wodurch das CO_2 gelöst wird. Die Differenz des verbleibenden Gasvolumens auf 100 gibt die Prozente CO_2. Behandelt man das Gas weiter mit Pyrogallol, so geht auch der Sauerstoff in Lösung und die Differenz auf 100 zeigt nun den Gehalt an CO_2 + O_2. Da fast alle Brennstoffe Wasserstoff enthalten, das Verbrennungswasser jedoch nicht mehr mitgemessen wird, wird die höchst erreichbare Summe um so stärker unter 21% bleiben, je höher der Gehalt an CO_2 ist. Schwierigkeiten macht nur die Bestimmung des CO, da das dafür bestimmte Kupferchlorür nicht verläßlich genug arbeitet. Liegt die Summe von $CO_2 + O_2$ unter

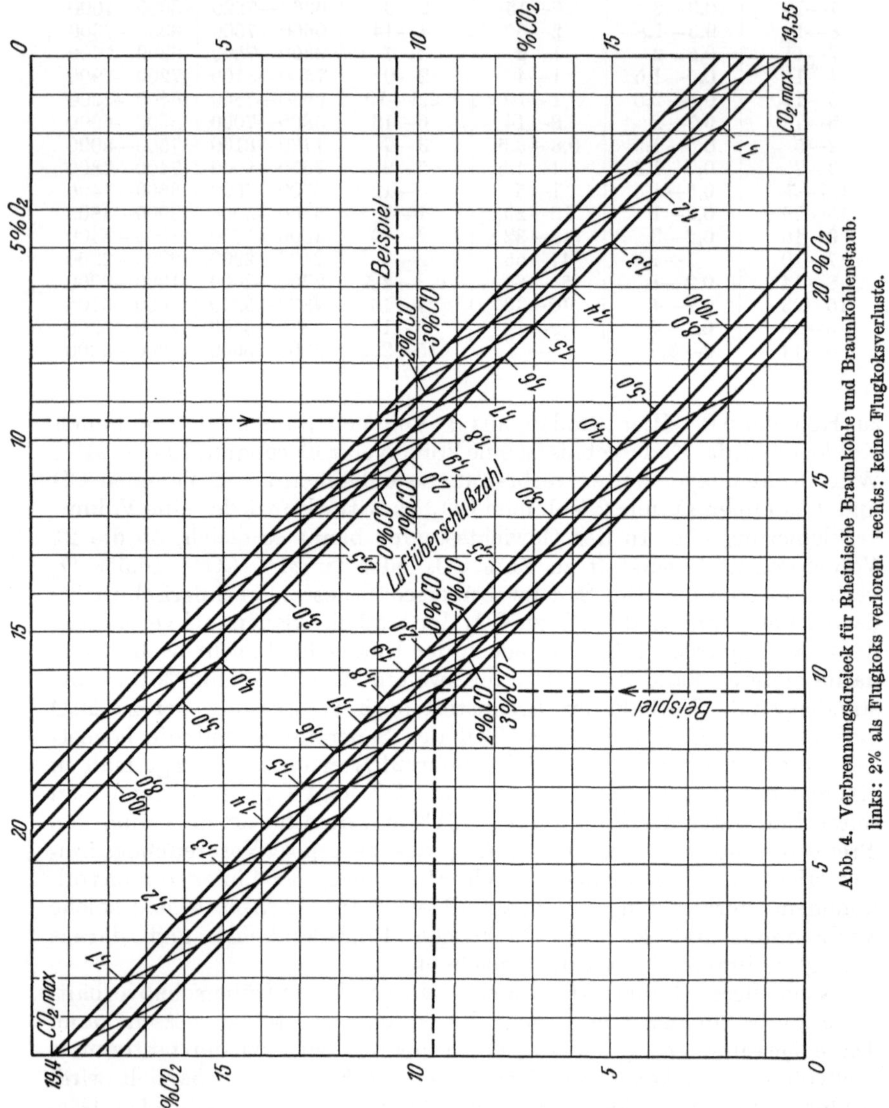

Abb. 4. Verbrennungsdreieck für Rheinische Braunkohle und Braunkohlenstaub. links: 2% als Flugkoks verloren. rechts: keine Flugkoksverluste.

der für den Brennstoff höchstmöglichen, so ist dies ein sicheres Anzeichen für Vorhandensein von CO. Der CO-Gehalt beträgt in diesem Falle das doppelte der Differenz, wie sich aus den Volumverhältnissen ableiten läßt und auch aus Abb. 4 zu ersehen ist.

Da der Orsatapparat für den Betrieb Bedienung erfordert, hat man ihn auch automatisch mit Registriervorrichtung als Adosapparat gebaut. Andere Apparate sind entstanden, die auf Grund der Wärmeleitfähigkeit oder der Gaszähigkeit eine gute Gasanalyse ermöglichen. Die Kohlensäurebestimmung ist heute schon Allgemeingut geworden im Kesselbetrieb.

Nachdem die chemischen Vorgänge der Verbrennung bekannt sind, läßt sich bei Kenntnis der chemischen Zusammensetzung des Brennstoffes die für 1 kg Brennstoff erforderliche Verbrennungsluftmenge berechnen. Auf nähere Ableitungen sei verzichtet, diesbezüglich sei auf die Bücher „Schüle: Technische Wärmemechanik" und „Herberg: Feuerungstechnik und Dampfkesselbetrieb" verwiesen. Hier sollen nur die Formeln angeführt werden.

Sind C, H, N, S, O die Einzelbestandteile des Brennstoffes in Kilogramm so ist der theoretische Luftbedarf für 1 kg Brennstoff:

$$L_0 = \frac{2{,}667\,\mathrm{C} + 8\,\mathrm{H} + \mathrm{S} - \mathrm{O}}{0{,}232}\,\mathrm{kg} \qquad (2)$$

oder

$$L_0 = \frac{2{,}667\,\mathrm{C} + 8\,\mathrm{H} + \mathrm{S} - \mathrm{O}}{0{,}30}\,\mathrm{m}^3 \qquad (2\mathrm{a})$$

von 0^0 und 760 mm Hg.

Es ist jedoch nicht möglich, mit der theoretischen Luftmenge eine vollständige Verbrennung zu erreichen. Um vollkommene Verbrennung zu erzielen, muß ein beträchtlicher Luftüberschuß gegeben werden und die wirklich zugeführte Luftmenge ist

$$L = \nu \cdot L_0$$

ν nennt man die Luftüberschußziffer. Es bedeutet also $\nu = 1{,}3$, daß 30% der theoretischen Verbrennungsluftmenge als Luftüberschuß zugeführt werden. Die Verbrennungsgasmenge, die bei der theoretischen Verbrennung entsteht, ist $L_0 + 1$ kg oder, wenn man L_0 einsetzt und mit W den Wassergehalt des Brennstoffes bezeichnet:

$$G_0 = 12{,}5\,\mathrm{C} + 35{,}48\left(\mathrm{H} - \frac{\mathrm{O}}{8}\right) + 5{,}31\,\mathrm{S} + W + \mathrm{N}\,\mathrm{kg} \qquad (3)$$

bzw.

$$G_0 = 8{,}88\,\mathrm{C} + 32{,}02\left(\mathrm{H} - \frac{\mathrm{O}}{8}\right) + 3{,}340\,\mathrm{S} + 1{,}243\,W + 0{,}797\,\mathrm{N}\,\mathrm{m}^3 \qquad (3\mathrm{a})$$

von 0^0/760 mm Hg.

Die wirklich erzeugte Gasmenge mit Luftüberschuß ν ist

$$G = G_0 + (\nu - 1) \cdot L_0\,. \qquad (4)$$

Für eine beliebige Temperatur beträgt das Volumen der Gasmenge

$$G_t = G \cdot \frac{273 + t}{273}\,\mathrm{m}^3\,. \qquad (5)$$

Abgesehen von der direkten Abstrahlung der Brennkammer an die Heizfläche, bilden die erzeugten heißen Verbrennungsgase den Wärmeträger zur Heizfläche. Da sich die Wärmeaufnahme durch

Wärmeleitung einer Heizfläche annähernd proportional mit der mittleren Temperaturdifferenz ändert, muß eine möglichst hohe Temperatur der Gase bei Auftreffen auf die Heizfläche angestrebt werden. Theoretisch findet dieses Streben eine Grenze in der theoretischen Verbrennungstemperatur, das ist die Temperatur, welche bei vollkommener Verbrennung eines Brennstoffes ohne Wärmeverluste erreicht wird. Die gesamte erzeugte Wärme dient in diesem Falle dazu, die Verbrennungsgase und den Ballast an Wasser und Stickstoff zu erwärmen. Technisch sind jedoch der Temperaturerhöhung im Feuerungsbetrieb Grenzen gezogen durch den Schmelzpunkt der Brennstoffasche, welcher zwischen 1000 und 1500^0 liegt und durch die Feuerbeständigkeit des Mauerwerks, die über 1400^0 C auch bei den besten Qualitäten sich rasch vermindert. Hier macht sich der temperaturmindernde Einfluß des Stickstoffballastes angenehm fühlbar. Mit dem Streben nach hoher Heizflächenleistung mußte man immer mehr dazu übergehen, die Flammentemperatur durch direkte Abstrahlung an die Heizflächen in den technisch beherrschbaren Grenzen zu halten. Da die Abstrahlung nach dem Stefan-Boltzmannschen Gesetz mit der vierten Potenz der Temperaturdifferenz zunimmt, hat bei genügender Abstrahlungsfläche eine geringe Temperaturerhöhung eine starke Erhöhung der Heizflächenleistung zur Folge.

Bei geringen Temperaturdifferenzen zwischen Heizgas und Heizfläche wird der Preis der Heizfläche, bezogen auf die Wärmeleistung pro Flächeneinheit, zu hoch. Dieser Umstand brachte die Einführung des gußeisernen Speisewasservorwärmers, da bei ihm der Anschaffungspreis je übertragene kcal geringer ist als beim Kessel. Auch die Anordnung des Luftvorwärmers entspringt z. T. demselben Streben. Schließlich ist man doch gezwungen, die Rauchgase mit erheblich über der Lufttemperatur liegender Temperatur abziehen zu lassen. Der Wärmeüberschuß dieser abziehenden Gase gegen die umgebende Luft ist Verlust und wird als Verlust durch die fühlbare Wärme der Abgase oder kurz als Abgasverlust bezeichnet.

3. Die Bestimmung der Verluste und des Wirkungsgrades.

Zur Bestimmung des Abgasverlustes benötigt man die Bestimmung von CO_2 und den etwa unverbrannten Gasen durch die Gasanalyse. Will man sehr genau rechnen, so muß man auch noch die Verluste an Kohlenstoff durch Flugkoks oder Rostdurchfall und an Ruß berücksichtigen. Bezeichnet man mit CO_2, CO, CH_4 die Bestandteile des trockenen Rauchgases in Volumprozent, mit R den Gehalt an Ruß und Teer in g/m^3 mit C, H, W die Gewichtsprozente in der Zusammensetzung des Brennstoffes und mit C′, H′ die wirkliche an der Verbrennung teilnehmenden Gewichtsprozente, während die Differenz C — C′ und H — H′ die Verluste durch Unverbranntes in den Rückständen darstellt, so lautet die genaueste Formel

$$V = \left[0{,}32 \cdot \frac{1{,}865\,\mathrm{C}'}{\mathrm{CO_2} + \mathrm{CO} + \mathrm{CH_4} + \dfrac{R}{5{,}36}} + 0{,}48\,(9\,\mathrm{H}' + W)\right](T - t)\ \text{kcal/kg.} \quad (6)$$

Brennstoff. Darin ist T die Abgastemperatur, t die Temperatur der Verbrennungsluft. Diese Formel ist besonders für Braunkohle mit ihrem hohen Wassergehalt bestimmt. Da jedoch die chemische Analyse, nach der C bestimmt werden kann, selten bekannt ist, muß man sich in den meisten Fällen auf eine einfachere Formel verlassen, die für Steinkohle lautet:

$$V = 0{,}65 \cdot \frac{T - t}{CO_2 + CO + CH_4 + 0{,}33}\,\%; \tag{7}$$

Bei vollkommener Verbrennung geht diese über in die Siegertsche Formel:

$$V = 0{,}65 \cdot \frac{T - t}{CO_2}\,\%; \tag{8}$$

Für Braunkohle sind diese Formeln nicht verwendbar. Für sie hat Hassenstein eine ähnliche Formel aufgestellt:

$$V = v \cdot \frac{T - t}{\varepsilon}\,\%; \tag{9}$$

Darin bedeutet $\varepsilon = CO_2 + CO + CH_4 + \frac{R}{5{,}36}\,\%$; v kann aus der Kurvenschar, Abb. 5, bestimmt werden. Das Rechnen nach dieser Formel geht sehr flott und ergibt auch gegen Gleichung (6) nur unbedeutende Abweichungen. Bemerkt sei noch, daß die Formeln (7) bis (9) nur die Verluste in Prozenten des unteren Heizwertes angeben. Will man auf den oberen Heizwert rechnen, so muß man Gleichung (6) benutzen, oder das Ergebnis von Gleichung (7—9) mit $\frac{H_u}{H_o}$ multiplizieren.

Für vollkommene Verbrennung, bei welcher der Abgasverlust nur vom CO_2-Gehalt und von der Temperatur abhängig ist, geht die Gleichung (6) über in die sogenannte Vereinsformel:

$$V = \left[0{,}32 \cdot \frac{C'}{0{,}536 \cdot CO_2} + 0{,}48\,(9\,H' + W)\right] \cdot (T - t)\ \text{kcal/kg}. \tag{10}$$

Nach dieser kann man die Verluste für einen bestimmten Brennstoff auch graphisch ermitteln. In Abb. 6 ist ein solches System entworfen für rheinische Rohbraunkohle und daraus hergestellten Kohlenstaub. Die Temperatur der Verbrennungsluft ist dabei zu 0^0 C angenommen. Gehen bei starker Flugkoksbildung 2% von dem Kohlenstoffgehalt der Rohkohle unverbrannt in den Flugkoks, so gelten die gestrichelten Linien. Der Abgasverlust durch fühlbare Wärme fällt also bei Flugkoksbildung etwas. Der Gesamtverlust wird jedoch größer, weil 1% Brennbares in den Rückständen mindestens auch 1%, meist aber ein Mehrfaches davon als Brennstoffverlust darstellt.

Wenn mit den Rauchgasen noch brennbare Gase abziehen, so geht mit ihnen außer der ihrer Temperatur entsprechenden fühlbaren Wärme, welche in den Gleichungen (6—9) schon eingeschlossen ist, der ihnen noch innewohnende Heizwert verloren.

Der dadurch verursachte Verlust ist:

$$V_u = G \cdot \frac{3046\,CO + 8573\,CH_4 + 2598\,H}{H_u}\,\%; \tag{11}$$

darin bedeutet G die gesamte Rauchgasmenge in cbm von 0^0 und 760 mm Hg, berechnet nach Gleichung (3a). H_u ist der untere Heizwert. CO,

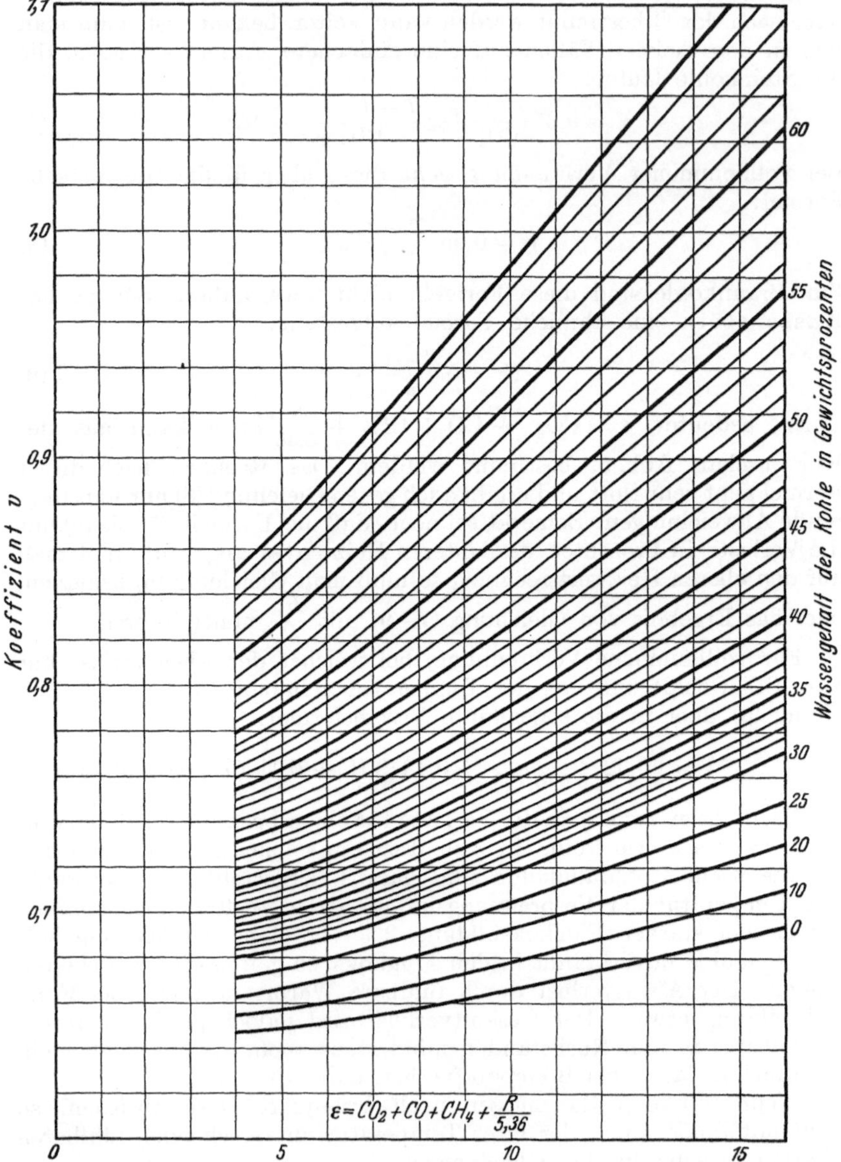

Abb. 5. Koeffizient nach Hassenstein für den Abgasverlust durch fühlbare Wärme (3).

CH_4, H sind Volumprozente. Die konstanten Faktoren bedeuten die unteren Heizwerte dieser Gase. Die Berechnung der Verluste nach dieser

Gleichung ist nur möglich, wenn die chemische Analyse des Brennstoffes bekannt ist. Eine einfache, wenn auch weniger genaue Formel lautet nach Brauss:

$$v_u = \frac{70 \cdot CO}{CO + CO_2}\,\%; \tag{12}$$

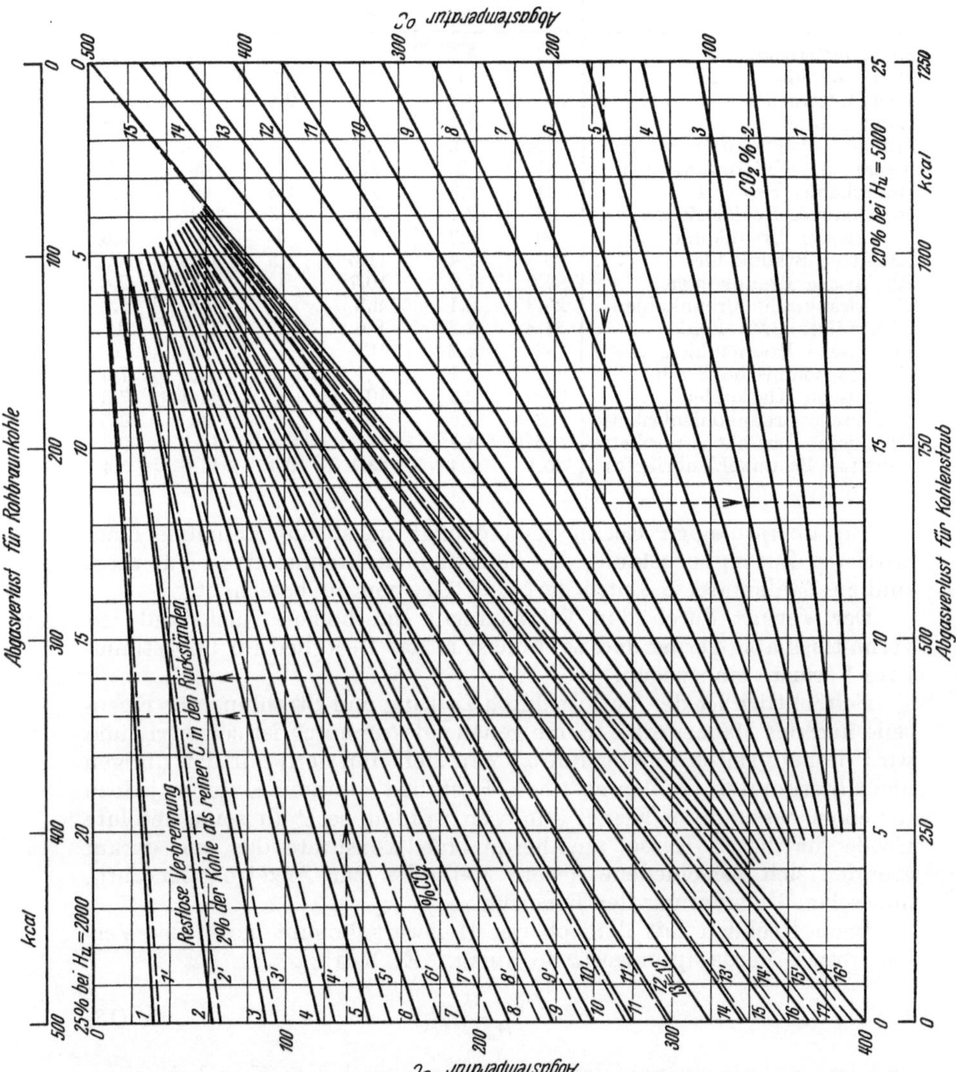

Abb. 6. Abgasverlust durch fühlbare Wärme für Rheinische Braunkohle und Braunkohlenstaub.

Die Gleichungen haben nur Gültigkeit für den unteren Heizwert. Aus Gleichung (12) läßt sich überschlägig berechnen, daß das Vorkommen von jedem 1% CO in den Rauchgasen einen Brennstoffverlust von 5% bedeutet. Dem Auftreten von brennbaren Gasen muß daher mit allen Mitteln entgegengewirkt werden.

Zahlentafel 5. Mittlere Zusammensetzung der

Brennstoff	Analyse in Gewichtsprozenten					
	C	H_2	$O_2 + N_2$	S	Wasser	Asche
	%	%	%	%	%	%
Holz, lufttrocken	40	4,5	37	—	16	1,5
Torf, gepreßt	43	4	24	0,5	23	5,5
Torf, lufttrocken.	37,8	3,8	19,6	0,4	26,4	12,0
Lohe, gepreßt	19	2,2	15	—	62	1,8
Junge deutsche Braunkohlen .	23,4	2,2	9,1	—	61,6	3,7
Ältere deutsche Braunkohlen .	31	3	10	1	48	7
Braunkohle, Revier Halle. . .	31	2,8	9,6	1,3	49	6,3
Braunkohle, Revier Zeitz. . .	29	2,7	7,5	1,3	53	6,5
Bitterfelder Braunkohle . . .	30	2,3	9,5	1	50,9	6,3
Lausitzer Braunkohle	25,5	2,4	11,5	1,3	49,5	10,2
Rheinische Braunkohlen . . .	24,6	1,9	10,7	1	59	2,8
Unterfränkische Braunkohlen .	23,3	2,1	8,8	1	62	2,8
Oberpfälzer Braunkohlen . . .	21,8	1,8	9,6	1	53,8	12
Böhmische Braunkohlen . . .	52	4,2	13	1	24	6
Nässere böhmische Braunk. . .	47,2	4,1	9,1	—	32,1	7,5
Böhmische Klarkohlen	37,3	2,9	10,1	1	41,4	7,3
Sächsische Braunkohlenbriketts	53	4,5	18	1	15	8,5
Rheinische Braunkohlenbriketts	55	4,1	21,4	0,4	13,5	5,6
Lausitzer Braunkohlenbriketts .	55,1	4,4	23,1	0,4	11,6	5,4

Für überschlägige Rechnungen genügt meist die Annahme einer mittleren Zusammensetzung des betreffenden Brennstoffes. Für diese sind in Zahlentafel 5 Luftbedarf und Gasmengen berechnet.

Der Verlust durch den Wärmeinhalt der heißen Rückstände ist verhältnismäßig gering und wird meist in das Restglied für unbestimmbare Verluste einbezogen.

Beträchtlich ist der Verlust durch Leitung und Strahlung der Eisenteile und des Mauerwerks. Seine genaue Bestimmung ist schwierig und wird deshalb selten durchgeführt. Man zieht ihn gern mit den übrigen nicht bestimmten Größen zu einem Restglied zusammen. Ist er jedoch für einen bestimmten Kessel gemessen worden, so stellt seine absolute Größe für diesen Kessel annähernd eine Konstante dar und darauf gründen sich verschiedene neuere Methoden zur Anzeige oder automatischen Regulierung der Feuerführung.

Beim Rechnen mit dem oberen Heizwert kommt noch der Verlust durch Verdampfungswärme hinzu. Er beträgt

$$v = \frac{H_o - H_u}{H_o}\,\%; \tag{13}$$

und ist unabhängig von der Feuerführung und dem Kesselwirkungsgrad.

Die Summe der Verluste bildet als Gesamtverlust den einen Posten der Bilanz. Den anderen, die Ergänzung auf 100, stellt die Gesamtheit der Wirkungsgrade, der Gesamtwirkungsgrad dar. Es sei hier hervorgehoben, daß für das wirtschaftliche Arbeiten einer Anlage der Wir-

Brennstoffe und ihrer Verbrennungsgase *(3)*.

Oberer Heiz-wert kcal	Unterer Heiz-wert kcal	Theoretische Luftmenge kg	Theoretische Luftmenge m³ 15°/736	Erzeugte Verbrennungsgase ohne Luftübersch. mit Wasserdampf kg	mit Wasserdampf m³ 0°/760	trocken m³ 0°/760	Höchster CO_2-Gehalt %	Spez. Gew. d. Rauchg. kg/m³ m. Wasserd. 0°/760
3780	3500	4,58	3,86	5,56	4,25	3,55	20,9	1,31
4214	3800	5,35	4,50	6,30	4,78	4,05	19,8	1,32
3810	3450	4,87	4,11	5,75	4,17	3,43	19,15	1,38
1793	1300	2,30	1,94	3,28	2,76	1,75	20,1	1,19
2340	1850	3,05	2,58	4,01	3,24	2,85	20,6	1,24
3050	2600	4,32	3,65	5,14	4,07	3,15	18,25	1,27
3244	2800	4,21	3,56	5,15	3,92	3,00	—	1,32
2965	2500	3,99	3,37	4,93	3,93	2,96	18,35	1,26
2900	2470	3,92	3,31	4,86	3,69	3,30	19,05	1,31
2654	2230	3,36	2,84	4,26	3,23	2,88	—	1,32
2405	1950	3,10	2,62	4,07	3,15	2,92	19,60	1,29
2306	1820	3,10	2,62	4,07	3,21	2,85	—	1,27
2080	1660	2,80	2,36	3,68	2,85	2,61	19,45	1,29
5170	4800	6,95	5,82	7,89	5,97	5,20	19,60	1,32
4844	4430	6,51	5,50	7,45	5,59	4,59	—	1,33
3783	3380	4,94	4,17	5,87	4,39	3,83	18,80	1,33
5133	4800	6,90	5,82	7,82	5,90	5,21	18,70	1,33
5133	4890	6,83	5,77	7,77	5,54	5,05	—	1,40
5167	4860	6,90	5,82	7,85	5,56	5,03	—	1,41

kungsgrad maßgebend ist, welcher auch bei Lieferungen stets garantiert wird. Allerdings erstreckt sich diese Garantie meist nur auf 1 oder 2 Belastungsfälle und unter der Bedingung vollkommenen Beharrungszustandes. Ein Beharrungszustand ist jedoch in vielen Kesselbetrieben gar nicht zu erreichen. Der Betriebswirkungsgrad über 24 Stunden wird daher oft erheblich unter dem garantierten Vollastwirkungsgrad liegen und der günstigste Garantie-Wirkungsgrad ist nicht immer eine Garantie für den günstigsten Betriebswirkungsgrad.

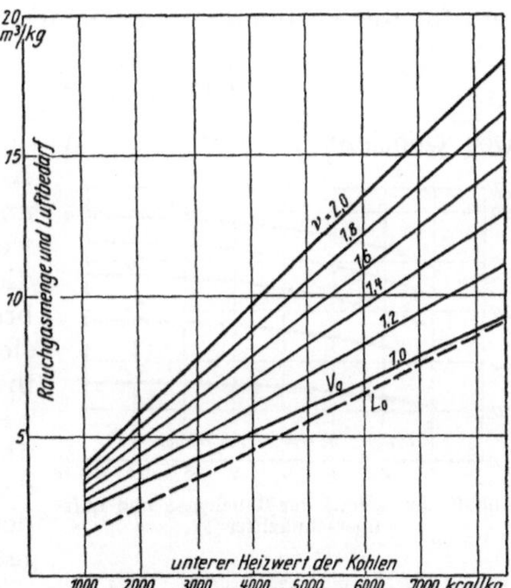

Abb. 7. Rauchgasmenge und Luftbedarf *(5)*.

Die Bestimmung des Wirkungsgrades ist eigentlich eine Verantwortung des Technikers dem Kaufmann gegenüber. Für den Betriebsmann, der seinen Betrieb daraufhin untersuchen will, ob noch Brennstofferspamisse möglich sind, ist der Wirkungsgrad nur die Kontrolle für die Richtigkeit seiner Messungen. Ihn interessieren vor allem die Verluste, und zwar nicht deren Gesamtheit, sondern jeder Posten einzeln. Bei der

Schwierigkeit, diese Posten einzeln genau bestimmen zu können, wird man gut gelungenen Betriebsversuchen eine viel höhere Bedeutung beimessen müssen als dem stets in den Vordergrund geschobenen Abnahmeversuch.

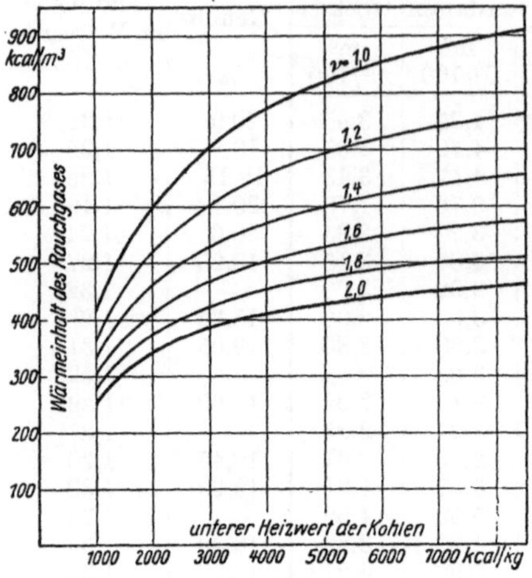

Abb. 8. Wärmeinhalt der Rauchgase *(5)*.

Eine praktische Neuerung wurde von Dr. Rosin *(5)* in die Feuerungstechnik eingeführt. Er fand, daß zwischen dem Heizwert H_u und dem Volumen der Verbrennungsgase für 1 kg Brennstoff V ein linearer Zusammenhang besteht, wie er in Abb. 7 dargestellt ist. Mit dieser Geradenschar, von der es auch Analogien für flüssige und gasförmige Brennstoffe gibt, ist es möglich, die für technische Berechnungen benötigten Rauchgasvolumina aus dem unteren Heizwert ohne Kenntnis der chemischen Analyse bestimmen zu können. Die Gleichung der Geraden für theoretischen Luftbedarf lautet

$$L_0 = \frac{1{,}01}{1000} \cdot H_u + 0{,}5 \text{ cbm je kg} \tag{14}$$

und für die Verbrennungsgasmenge

$$V_0 = \frac{0{,}915}{1000} \cdot H_u + 1{,}5 \text{ cbm je kg} \tag{15}$$

Der Quotient $\frac{H_u}{V}$ stellt den Wärmeinhalt an fühlbarer Wärme je Kubikmeter Rauchgas dar, auf 0° und 760 mm berechnet. Zum Heizwert H_u in Bezug gesetzt, ergibt er die Kurvenschar Abb. 8. Bei Verbrennung mit Luftüberschuß ändert sich der Luftgehalt der Rauchgase in Prozent bei verschiedenem Heizwert der Kohle und gleicher Luftüberschußziffer, Abb. 9. Das rührt daher, daß bei niedrigem Heizwert der Wasserdampfanteil im Rauchgasvolumen größer wird, weil ja der Anteil der Feuchtigkeit und des Verbrennungswassers fast allein die Höhe des Heizwertes bedingen.

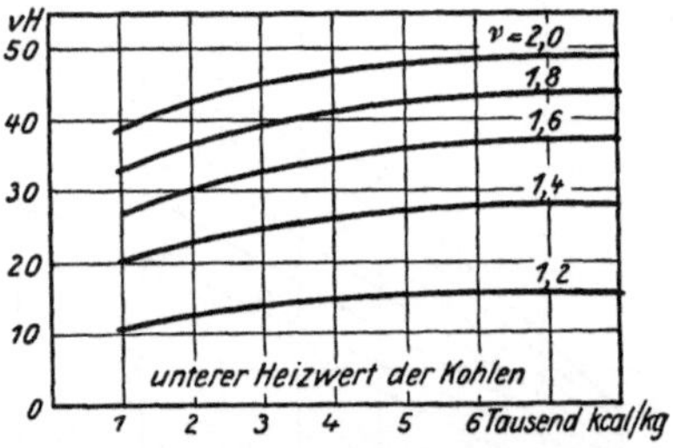

Abb. 9. Luftgehalt der Rauchgase und Luftüberschußziffer *(5)*.

Auf Grund dieser einfachen Beziehungen konnte nun Dr. Rosin dem bisher wenig beachteten J-T-Diagramm praktische Bedeutung verschaffen. Es ist damit möglich, in der Feuerungstechnik ähnlich wichtige Aufgaben zu lösen, wie mit dem J-S-Diagramm in der Dampftechnik. In Abb. 10 ist dieses J-T-Diagramm für Rauchgase dargestellt. Infolge der bei hohen Temperaturen einsetzenden Dissoziation von CO_2 und H_2O divergieren die Kurven im oberen Teil stark. Wie die eingezeichneten Bezugslinien zeigen, kann die Tafel sowohl für Verbrennung bei konstantem Druck, wie allgemein üblich, als auch für Ver-

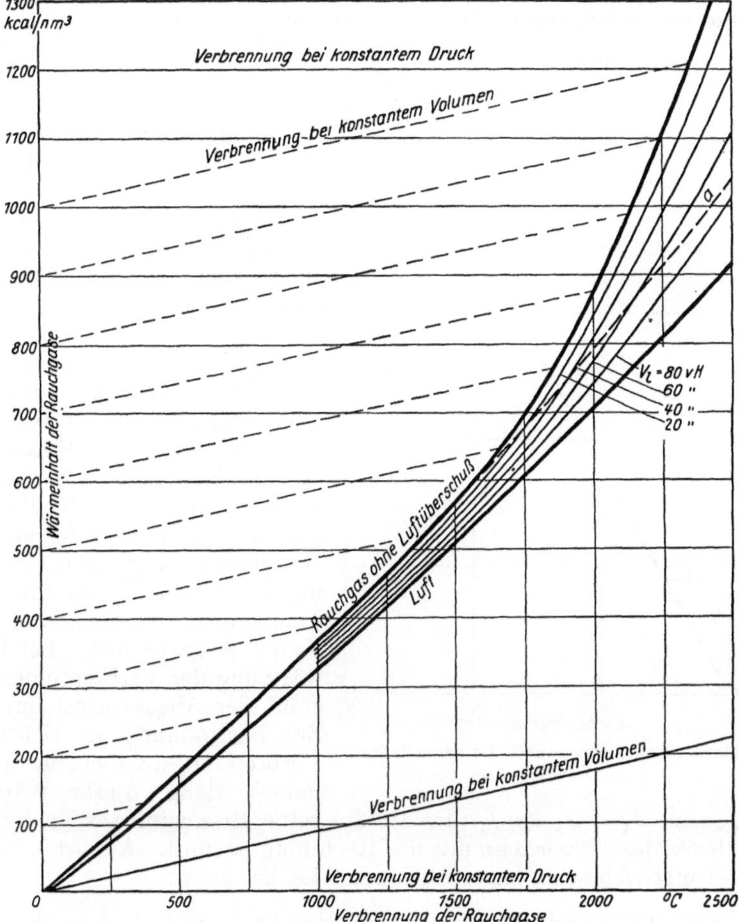

Abb. 10. Wärmeinhalt-Temperatur-(J-T)-Diagramm für Rauchgase *(5)*.

brennung bei konstantem Volumen verwendet werden. In letzterem Falle beträgt der Wärmeinhalt

$$J_p = J_v + A \cdot \frac{848}{22,4} \cdot t = J_v + 0,089\,t. \tag{16}$$

Die Bezugslinien für J_v laufen daher schräg.

Hervorgehoben sei, daß die vorgenannten Kurventafeln nur für vollkommene Verbrennung gelten. Da sich bei Bildung von CO die

Volumverhältnisse stark ändern, würde dessen Berücksichtigung den Vorteil der einfachen graphischen Lösung wieder aufheben. Dagegen ist es ohne weiteres möglich, den Einfluß der Strahlung und sonstiger Verluste zu berücksichtigen. Die Verluste, z. B. Verluste durch Strahlung des Mauerwerks nach außen, durch Aschenwärme und Flugkoksverluste sind schwer zu messen. Man behilft sich hier meist durch Einführung des erfahrungsmäßig angenommenen Gütegrades η_g.

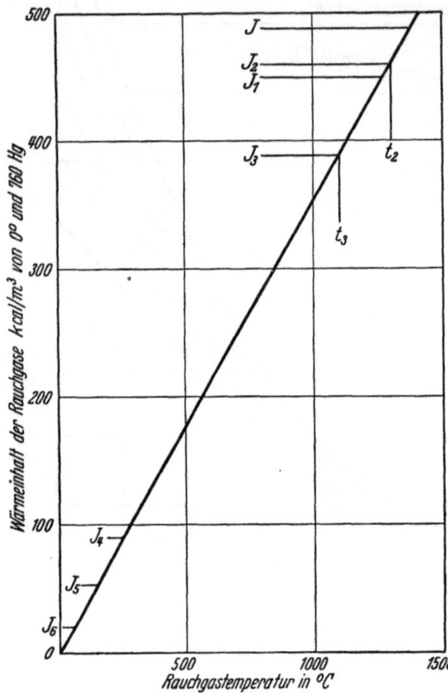

Abb. 11. Anwendungsbeispiel für das J-T-Diagramm.

Die Anwendung des J-T-Diagramms soll an einem Beispiel gezeigt werden. Hat man aus dem J-T-Diagramm, Abb. 11, den Wärmeinhalt der Rauchgase $= J$ bei verlustloser Verbrennung bestimmt, so ist $J_2 = \eta_g \cdot J$ die für den Kessel zur Verfügung stehende Wärmemenge. Sucht man hierzu die Temperatur t_2, so wird diese im allgemeinen höher liegen als erwünscht ist. Um sie auf t_3 zu ermäßigen, muß der Wärmeanteil $J_2 - J_3$ als Strahlung an die Heizfläche übertragen werden. Wird nun der Betrag $J_3 - J_4$ durch Leitung an die Heizfläche abgegeben, sodaß die Gase den Kessel mit der Temperatur t_4 verlassen, so ist J_4 der Abgasverlust. Bei Vorwärmung der Verbrennungsluft sinkt der Abgasverlust auf J_5. Zur Bestimmung der richtigen Verbrennungstemperatur muß jedoch dann dieser Wärmerückgewinn $J_4 - J_5$ zu J_1, das ist die reine Brennstoffwärme, hinzugezählt werden, bevor man mit der Rechnung beginnt. Aus Abb. 12 ist der Wärmerückgewinn zu entnehmen. Es ist dann:

Die Wärmemenge bei verlustloser Verbrennung $J = J_1 + J_4 - J_5$
Die verfügbare Wärmemenge $J_2 = \eta_g \cdot (J_1 + J_4 - J_5)$
Die abgestrahlte Wärmemenge $J_2 - J_3$
Die durch Leitung übertragene Wärmemenge $J_3 - J_4$
Die im Luftvorwärmer gewonnene Wärme $J_4 - J_5$
Der Verlust durch fühlbare Wärme der Rauchgase J_5.

In Abb. 11 sind diese Zahlenwerte angedeutet. Es sei hier darauf hingewiesen, daß durch η_g nur der Gütegrad der Brennkammer berücksichtigt ist. Die Gütegrade der einzelnen Heizflächenteile sind der Einfachheit halber weggelassen.

Aus Abb. 11 könnte nun auch der Wirkungsgrad berechnet werden, wenn nicht für jeden Kesselzug ein besonderer Gütegrad berücksichtigt werden müßte. Immerhin kann dieses Verfahren für Projektierungsarbeiten von Nutzen sein und soll deshalb angeführt werden.

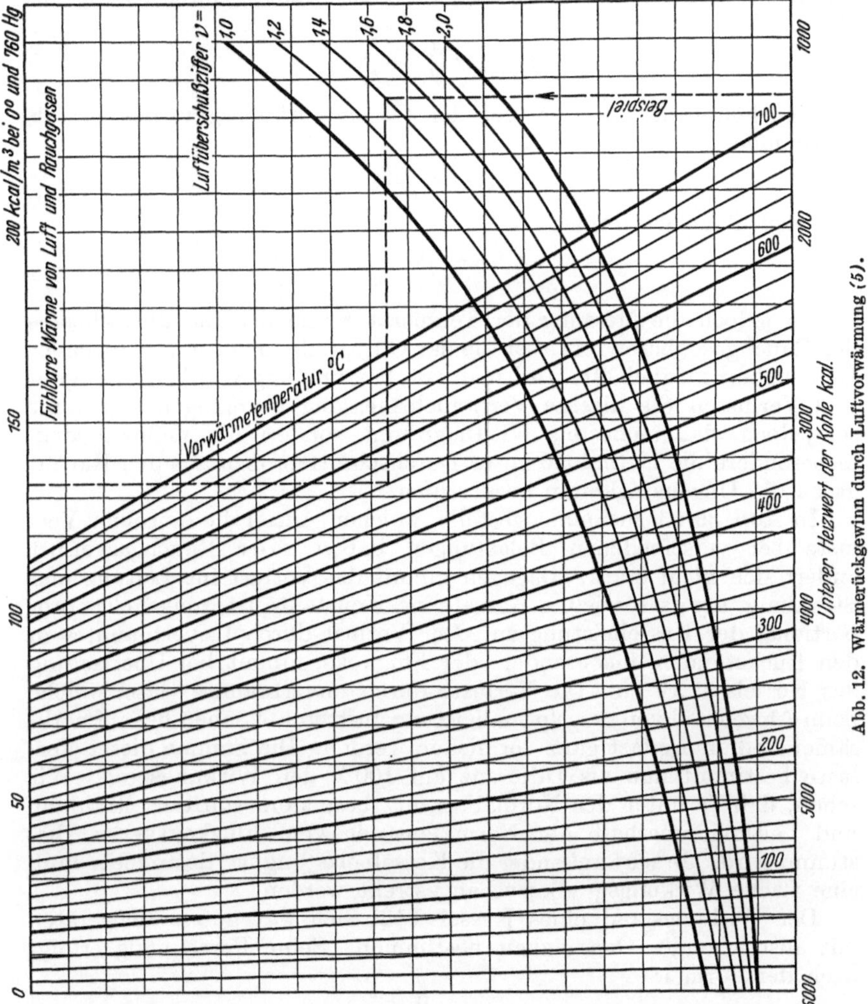

Abb. 12. Wärmerückgewinn durch Luftvorwärmung (5).

Der thermische Wirkungsgrad ist das Verhältnis der nutzbar gemachten zur insgesamt aufgewandten Wärme. Er ist hier

$$\eta_{th} = \frac{J_2 - J_4}{J_1};$$

Streng davon zu unterscheiden ist der thermodynamische Wirkungsgrad, der das Verhältnis der nutzbar gemachten Wärme zu der Wärmemenge darstellt, welche durch die Temperaturlage des Arbeitsprozesses als nutzbare Wärmemenge verfügbar ist. Beim Dampfkessel ohne Speisewasservorwärmer müßte man als Arbeitstemperatur die Kesseltemperatur, bei Wasservorwärmung diese Speisewasser-Eintritts-Temperatur annehmen. Entspricht dieser ein Wärmeinhalt J_6, so ist der thermodynamische Wirkungsgrad des Kessels unter Einbeziehung des Gütegrades

$$\eta_{th\,dyn} = \frac{J_2 - J_4}{J_1 - J_6};$$

Man könnte nun weiter auch den Gesamtwirkungsgrad des Kessels bestimmen,

$$\eta_k = \frac{J_2 - J_4}{J_1}$$

und den Rauchgasverlust

$$v = \frac{J_5}{J_1}.$$

Da jedoch die Messung der Temperatur und des Luftüberschusses der Rauchgase, besonders aber die der Gütegrade, nicht mit genügender Genauigkeit möglich ist, wird man zur Bestimmung von Wirkungsgrad und Verlusten die direkte Verbrauchsmessung bevorzugen. Erwähnt sei jedoch, daß nicht das J-T-Diagramm, sondern die Meßmethoden, insbesondere die Entnahme guter Durchschnittsproben aus den Rauchgasen die Ungenauigkeiten hervorrufen.

In Abb. 30 ist zusammengestellt, welchen Anteil die einzelnen Verluste bei verschiedenen Belastungen haben. Der Rauchgasverlust ändert sich nicht stark. Dagegen nimmt der Verlust für Leitung und Strahlung, der ja für jeden Kessel eine Konstante ist, umgekehrt proportional der Kesselleistung zu. Der Verlust durch Unverbranntes in den Rückständen, insbesondere der Flugkoks, nimmt bei Überlastung des Kessels stark zu. Die Verluste durch unverbrannte Gase, welche beim Abweichen von der Normalleistung auftreten, können bei aufmerksamer Bedienung fast ganz vermieden werden. Die Summe dieser Verluste bestimmt nun als Differenz auf 100% den Wirkungsgrad. Wir sehen, daß er unter der Normalleistung besonders von der Strahlung und Leitung, oberhalb der Normalleistung vom Flugkoksverlust bestimmt wird. Je schwankender die Kesselbelastung ist, desto mehr muß eine flache Wirkungsgradkurve angestrebt werden.

Der Wirkungsgrad eines Kessels läßt sich mit guten Meßgeräten mit ausreichender Genauigkeit bestimmen. Seine Berechnung erfolgt nach der Formel:

$$\eta = \frac{W}{c \cdot H}, \tag{17}$$

worin bezeichnen:

η = Wirkungsgrad, das ist Summe der nutzbar gemachten Wärme zur Summe der zugeführten bzw. erzeugten Wärme.
W = die Erzeugungswärme des Dampfes je kg in kcal.
c = den Brennstoffverbrauch je kg erzeugten Dampf, kg/kg.
H = den Heizwert des Brennstoffes.

Es ist also hier gleich, welchen Heizwert man einsetzt. Je nachdem erhält man jedoch den Wirkungsgrad, bezogen auf H_0 oder H_u. Formt man die Gleichung um, so erhält man

$$\eta \cdot H = \frac{W}{c} \tag{18}$$

und daraus

$$\eta_u \cdot H_u = \eta_0 \cdot H_o, \tag{19}$$

da die rechte Seite der Gleichung (18) für einen bestimmten Rechnungsfall konstant ist. Nach Gleichung (19) muß die Umrechnung der Wirkungsgrade vorgenommen werden. Wir wollen z. B. berechnen, bei welchem Preis frei Brennstelle Braunkohle der Steinkohle gleichwertig ist, wenn andere Einflüsse vernachlässigt werden.

Braunkohle: $H_u = 2000$, $\eta_u = 0{,}80$, $H_o = 2480$
Steinkohle: $H_u = 7250$, $\eta_u = 0{,}82$, $H_o = 7500$.

Die oberen Wirkungsgrade sind dann

$$\eta_0 = \frac{0{,}82 \cdot 7250}{7500} = 0{,}7925$$

für Steinkohle und

$$\eta_0 = \frac{0{,}80 \cdot 2000}{2480} = 0{,}645$$

für Braunkohle.

Die Braunkohle hat bei $\frac{2480 \cdot 0{,}645}{7500 \cdot 0{,}7925} = \frac{2000 \cdot 0{,}80}{7250 \cdot 0{,}82} = 0{,}27$, d. i. 27% des Steinkohlenpreises gleichen Wärmepreis, berechnet auf nutzbar gemachte Wärme.

Wie man sieht, ist es nicht angängig, besonders bei dem Rechnen mit dem oberen Heizwert, die Wirkungsgrade zu vernachlässigen, das heißt, stillschweigend gleich zu setzen, da dies bei Wirtschaftlichkeitsberechnungen zu schweren Fehlschlüssen führen kann. Auch die Wirkungsgrade, bezogen auf unteren Heizwert, sind bei verschiedenen Brennstoffen nicht gleich, weil je nach dem Wassergehalt des Brennstoffes sich der Verlust durch fühlbare Wärme der Abgase ändert, gleiche Abgastemperatur vorausgesetzt.

Es wäre das richtigste, den Wirkungsgrad der Feuerung für sich zu bestimmen. Die Messung der hohen Temperaturen und die Entnahme richtiger Rauchgasproben aus dem Feuerraum bietet jedoch heute noch unüberwindliche Schwierigkeiten. Da nun auch der Kesselwirkungsgrad, von Verschmutzung und groben Bedienungsfehlern abgesehen, nur von der Feuerführung abhängt, bestimmt man den Gesamtwirkungsgrad aus der nutzbar gemachten Wärme und versucht, die Verluste so genau zu messen, daß die Messung ohne Hilfsglieder die Bilanz 100% ergibt. Eine Wärmebilanz setzt sich dann zusammen aus:

Kesselwirkungsgrad, Überhitzerwirkungsgrad, Vorwärmerwirkungsgrad, Verluste durch fühlbare Wärme der Rauchgase, Unverbranntes, Leitung und Strahlung und beim Rechnen mit H_o durch Verdampfungswärme des Wassergehaltes der Rauchgase.

Die Ergebnisse von Versuchen können jedoch nur dann verglichen werden, wenn zu zwei verschiedenen Feuerungen gleiche Kessel und gleiche Speisewasserverhältnisse gehörten. Der Vergleich irgendwelcher beliebiger Versuchsergebnisse an ganz verschiedenen Kesseln gibt nie ein richtiges Bild.

4. Betriebs-Meßinstrumente.

Mit zunehmender Kesselbreite wird es immer schwieriger, gute Durchschnittsproben zu ermitteln. Man wird sich daher meist mit Probenahme von einer Seite des Kessels, etwa 1 m vom Innenmauerwerk entfernt, begnügen müssen. Was soll nun gemessen werden? Vor allem die Größen, deren Veränderung den Wirkunggrad stark beeinflußt. Kohlensäuremessung allein hat daher keinen Zweck, man muß auch die Rauchgastemperatur an der Entnahmestelle messen können. Wichtig ist auch eine verläßliche Messung der brennbaren Gase. Diese ist insofern schwierig, als es sich um die Bestimmung einer negativen Größe handelt, daß also der Betrieb auf Nullanzeige des Instruments geführt werden muß. Vom feuerungstechnischen Standpunkt genügt die Bestimmung dieser Größen: Brennbare Gase, Kohlensäure, Rauchgastemperatur. Kommt dazu noch ein Zugmesser, der den Zug am Kesselende und im Feuerraum getrennt zu messen gestattet, so ist im allgemeinen eine gute Feuerführung möglich.

Von den sonst üblichen Meßinstrumenten ist das Manometer am Kessel gesetzlich vorgeschrieben. Auf die Messung der Heißdampftemperatur legt man aus Gründen der Betriebssicherheit großen Wert. Ob man die Rauchgastemperatur an mehreren Stellen, z. B. Vorwärmereintritt- und -austritt mißt, ist nicht mehr von Belang. Zu empfehlen ist es dann, wenn auch die Speisewassertemperatur vor und hinter dem Vorwärmer gemessen wird, weil man sich ein klares Urteil über das Arbeiten des Vorwärmers bilden kann. Wichtig ist ein gutgehender Dampfmesser oder Speisewassermesser. Bei unregelmäßiger Speisung ist der Dampfmesser besser. Der Speisewassermesser zeigt dagegen Störungen in der Speisung an. Allerdings wird er bei stärkeren Störungen (z. B. Ecobruch) fast nie ohne Beschädigung davonkommen. Es werden auch kombinierte Wasser- und Dampfmesser mit übereinander gehenden Zeigern gebaut. Auch sonstige kombinierte Geräte gibt es, welche Dampf und Luftmenge anzeigen. Ihre Anzeige beruht auf der Tatsache, daß bei gleichbleibendem Restverlust Dampfmenge und Rauchgasmenge bei guter Verbrennung proportional sind. Sie dienen häufig auch als Geber für automatische Reguliereinrichtungen.

Ob man Registrierinstrumente benutzen soll, ist mehr Ansichtssache. Sie sind im Anschaffungspreis teurer und erfordern dauernde und sorgfältige Wartung. Überhaupt ist es notwendig, vorhandene Instrumente sorgfältig zu warten und es ist besser, keine Instrumente zu beschaffen, als sie nach kurzer Zeit unbrauchbar mit falscher Anzeige verkommen zu lassen und womöglich noch den Lieferanten zu beschuldigen. Es soll auch nicht versäumt werden, darauf hinzuweisen, daß die Braunkohlenvorkommen und die darauf gebauten Betriebe zum Teil in Gegenden liegen, denen Industrie bisher fremd war und die keine geschulten Arbeitskräfte stellen können. Wenn solchen Bedienungsleuten nicht von vornherein mit viel Ausdauer das Beachten der Apparateanzeigen zur Gewohnheit gemacht wird, so hat auch die beste Meßeinrichtung ihren Zweck verfehlt.

Dazu ist jedoch wieder nötig, daß die Instrumente unbedingt verläßlich arbeiten, damit der Betriebsbeamte dem Bedienungsmann fehlerhafte Bedienung nachweisen kann. Nichts schwächt das Ansehen des Beamten so sehr, als wenn er auf Grund einer Apparateanzeige Maßregelungen treffen muß und der Betroffene nachweisen kann, daß die Instrumente nicht richtig gehen.

Die Vornahme von Leistungsversuchen soll nach den Regeln für Abnahmeversuche an Dampfkesseln und Dampfkraftanlagen durchgeführt werden. Diese Regeln lassen einerseits großen Spielraum in der Wahl der Instrumente, erfordern jedoch andererseits viel Personal, das im Betrieb nicht immer frei gemacht werden kann. Dieses Personal muß auch einigermaßen zuverlässig und angelernt sein, da ein Fehler, besonders in der Kohlen- oder Wasserwiegung, nachträglich nicht mehr korrigiert werden kann und die ganze aufgewandte Mühe zunichte machen kann.

Wenn daher in größeren Betrieben öfter Versuche zu machen sind, so wird es sich empfehlen, selbstschreibende Apparate zu verwenden und diese Aufschreibungen auszuwerten. Den Regeln entspricht dieses Vorgehen nicht ganz, es hat jedoch den Vorteil, daß Meßfehler durch das Versuchspersonal seltener werden, daß man die Versuche über beliebig lange Zeitabschnitte ausdehnen und so eine große Zahl von Versuchswerten finden kann. Trägt man diese Versuchswerte zusammen auf, so wird es möglich sein, Mittelwerte zu bestimmen, welche nach den Gesetzen der Wahrscheinlichkeitsrechnung die auftretenden Einzelfehler fast eliminieren. Natürlich können grundsätzliche Fehler, z. B. falsche Anzeige, Undichtigkeiten usw., wie bei jedem Versuch, falsche Versuchsergebnisse liefern. Der Versuchsleiter muß sich über die bestehenden Fehlerquellen klar sein und muß, wenn er sie nicht messen kann, deren Einfluß ausschalten. Solche Versuche haben aber dann den großen Vorteil, daß es sich nicht um Parade-, sondern um echte Betriebsversuche handelt und daß man mit ihnen auch Durchschnittswirkungsgrade für wechselnde Belastungszustände ziemlich genau ermitteln kann. Schließlich bleibt ein Versuchsergebnis auch bei genauesten Messungen von der objektiven Beobachtung abhängig.

Für solche Dauerversuche habe ich mir eine selbstschreibende Versuchseinrichtung zusammengestellt, welche nachstehend beschrieben werden soll, weil die in den späteren Kapiteln beschriebenen Versuche mit ihr vorgenommen wurden.

Die Wiegung der Kohle macht bei den großen Mengen und bei der oft recht sperrigen Beschaffenheit der Rohbraunkohle erhebliche Schwierigkeiten. Von automatischen Waagen haben sich Kübelwaagen mit Entleerung durch Bodenklappe am besten bewährt. Sie haben allerdings den Nachteil, daß sie nicht eichfähig sind und Gewichtskontrolle nur durch Auffangen und Nachwiegen der Schüttung möglich ist. Die Versuchskessel hatten je vier getrennte Roste, von denen jeder durch ein besonderes Kohlenfallrohr beschickt wurde. Der unterste Schuß dieser Lutte konnte hochgeklappt und zwischen Kohlentrichter und oberen Schuß die Waage eingebaut werden. Die Waagen sind Chronos-Waagen der Hennefer Maschinenfabrik in Hennef. Sie haben einen Kübelinhalt von ca. 50 kg und können mehr als zwei Wiegungen in der Minute machen. Die Einrichtung ist in Abb. 13 gezeigt. Die Kohle geht aus der Schurre über den Übergangstrichter auf eine Schüttelrutsche, welche die Aufgabe besorgt. Ist der Kübel auf sein Gewicht gefüllt, so sinkt er ab, die Bodenklappe öffnet sich und läßt den Kübelinhalt auslaufen. Gleichzeitig fällt ein Rechenwehr vor die Schüttelaufgabe und verhindert das weitere Nachfallen der Kohle. So lange die im Trichter liegende Kohle die geöffnete Bodenklappe festhält, bleibt dieser Zustand bestehen. Sinkt die Kohle ab, so wird die Bodenklappe frei, sie wird durch ein Gegengewicht geschlossen, der Rechen wird gehoben und die ganze Vorrichtung kehrt in die Anfangsstellung zurück. Bei diesem Aufgehen wird gleichzeitig die Kippung auf einem Zählerwerk addiert.

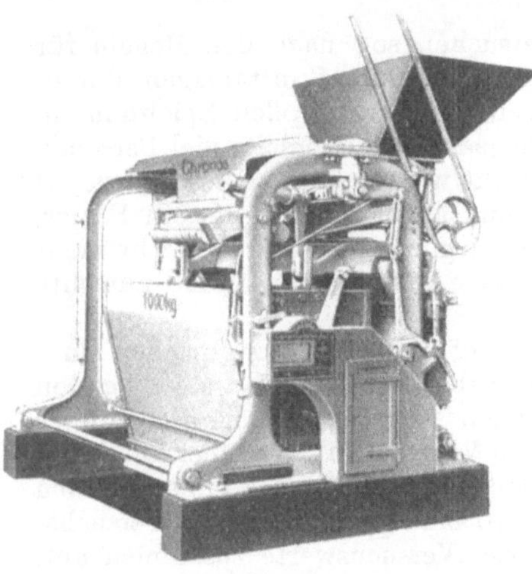

Abb. 13. Chronos-Kohlenwaage der Hennefer Maschinenfabrik Reuther & Reisert in Hennef.

Der Antrieb der Waage erfolgt mittels Riemen von einem Elektromotor. Wenn der Rechen fällt, sollte die Schüttelrutsche feststehen, während der Antrieb weiter läuft. Zu diesem Zwecke ist in das Antriebsgestänge eine Pufferfeder eingebaut, welche bei stillstehender Rutsche die Bewegung der Antriebsstange aufnehmen sollte. Tatsächlich verblieb in der Schüttelrutsche noch eine schwache Bewegung, welche genügte, bei feiner Kohle andauernd geringe Kohlenmengen ohne Wiegung durchlaufen zu lassen. Die Einrichtung wurde dann so abgeändert, daß das Verbindungsgestänge, das zu Beginn und Ende der Wiegung den Rechen bewegt, auch einen Hebelhalter betätigt und damit den kleinen Kurzschlußmotor stillsetzt und anläßt. Diese Einrichtung hat sich in wochenlangem ununterbrochenem Betriebe bewährt und ein Einfluß auf die Wiegegenauigkeit konnte nicht festgestellt werden. Die Richtigkeit der Waagen wurde täglich ein- bis zweimal durch mehrfache Kontrollwiegungen nachgeprüft. Die Mittelwerte dieser Kontrollwiegungen wichen im allgemeinen um weniger als 1% voneinander ab. Eine langsam fortschreitende Verminderung des Wiegegewichtes der Waagen zeigte sich dagegen in dem Maße, wie sich an die aus Messingblech gefertigte Schüttelrutsche Feinkohle anklebte. So ging das Durchschnittsgewicht im Verlauf von 3 Wochen von 52 kg auf 47 kg herunter und stieg wieder auf 52 kg als die Rutschen gereinigt wurden. Auf die Versuchswerte hat diese langsame Veränderung keinen Einfluß, wenn täglich Kontrollwiegung gemacht wird. Weiter zeigte sich, daß gröbere Kohle stets ein geringeres Durchschnittsgewicht ergab als feine, eine Folge des Nachfüllens bei den letzten Umdrehungen. Da so starker Kohlenwechsel ohnehin die Weiterführung eines geregelten Versuches unmöglich macht, hat auch diese Erscheinung keine Bedeutung.

Der zweite wichtige Punkt, die Wassermessung, wurde zur Kontrolle mehrfach vorgenommen. In der Speiseleitung jedes Kessels ist für das Betriebsinstrument eine Venturidüse eingebaut. Auf einem transportablen Gestell wurde ein registrierender Venturiwassermesser und ein Geber mit der elektrischen Summierungseinrichtung zusammengestellt und an die Düse angeschlossen. Die Einrichtung erwies sich für Versuchszwecke nicht als genügend verläßlich, da Spannungsschwankungen die Toleranz der Zählerkurve auf über $\pm$ 3% vergrößerten. Es kam dazu, daß bei Störungen im Steckernetz, z. B. Durchschlagen von Sicherungen, der Zähler stehen blieb und nach Behebung des Fehlers weiterlief, ohne daß der Bedienungsmann etwas davon erfuhr. Es wurden deshalb auch die vorhandenen zwei Kesselspeise-Scheibenwassermesser von Siemens & Halske hintereinander eingebaut. Die Anzeige dieser Instrumente war so genau, daß die gegenseitige Kontrolle gar nicht notwendig gewesen wäre. Im Laufe eines Jahres wurden diese Messer viermal nachgeeicht, davon zweimal vom Dampfkessel-Überwachungsverein, und jedesmal übereinstimmend gefunden, daß die Anzeige des einen Messers bei verschiedenen Belastungen nicht einmal um $\pm$ 0,1% abwich und der andere konstant 0,6% zu wenig zeigte. Dasselbe Ergebnis lieferten auch die Versuchsablesungen.

Die verläßliche Temperaturmessung ist besonders bei hohen Temperaturen recht schwierig. Quecksilberthermometer zeigen oft schon nach kurzer Zeit infolge Veränderung des Glases falsch. Auch ist die Bestimmung der Fadenkorrektur, welche durch die neuen Regeln vorgeschrieben ist, nicht ganz verläßlich. Registrierende Thermometer mit Quecksilberfüllung sind erst recht unzuverlässig. Es wurde deshalb der Versuch mit Thermoelementen gemacht. Für die Messung von Dampf und Wasser wurde Kupferkonstanten, für die Rauchgase Eisenkonstanten verwendet. Sämtliche Thermoelemente wurden durch Kompensationsleitungen bis an das Klemmbrett am Meßwagen verlängert. Dort wurde für alle die Temperatur der kalten Lötstelle durch ein angehängtes Quecksilberthermometer bestimmt. Für die Aufnahme der Temperatur- und Rauchgasmessungen sind zwei transportable Meßwagen geschaffen worden, jeder für eine Kesselseite. In jedem Meßwagen sind untergebracht: Eine vollständige CO_2 und $CO + H_2$-Meßvorrichtung der Fa. Siemens & Halske mit einem Sechskurvenschreibapparat. Der Apparat ist geeicht für 2 Kupfer-Konstantan-Meßstellen und 2 Eisen-Konstantan-Meßstellen mit einem Temperaturbereich von 0 — 500° C, ferner einer Kurve für CO_2 und eine Kurve für $CO + H_2$. Die Ansaugung der Rauchgase für die Rauchgasprüfer erfolgt durch einen ebenfalls in den Wagen eingebauten Ventilator mit Motor, die Trocknung geschieht in einem Filter mit Chlorkalzium, das jeden zweiten Tag gewechselt wird. Für die Beschaffung des Gleichstroms für die Kontaktuhr und den Rauchgasprüfer ist noch ein kleiner Transformator mit Glasgleichrichter eingebaut. Der ganze Meßwagen braucht daher nach außen nur die Thermometerleitungen, eine Schlauchverbindung zur Rauchgasentnahmestelle und ein zweiadriges Kabel zur Lichtleitung 220 Volt. Die Einrichtung hat viele Wochen hindurch ohne Störungen gearbeitet. Mit Hilfe der beiden Meßwagen ist es möglich, an einem Kessel folgende Messungen zu registrieren:

Heißdampftemperatur an der Entnahme,
Heißdampftemperatur vor dem Temperaturregler,
Rauchgastemperatur vor dem Eco, links und rechts,
Rauchgastemperatur hinter dem Eco, links und rechts,
CO_2 links und rechts,
$CO + H_2$ links und rechts,
Speisewassereintritt am Eco,
Speisewasseraustritt am Eco.

Da in die Dampfleitungen feste Meßhülsen für Glasthermometer eingebaut waren, sollte versucht werden, auch die Kupfer-Konstantan-Elemente so einzubauen. Trotz Ausfüllen der Hülsen ergaben sich Fehlmessungen bis 30^0 bei Heißdampf. Die Kupfer-Konstantan-Thermometer wurden deshalb in der Folge direkt in den Dampfstrom gelegt und die Verschraubungen isoliert. Die Anzeige stimmte dann mit guten Glasthermometern mit Fadenkorrektur überein. Bei der kleinen Teilung konnte die geringe Temperatur des Speisewassereintritts durch Thermoelemente nicht mit genügender Genauigkeit gemessen werden. Die Kurve wurde daher nur zur Kontrolle geschrieben und die Speisewassertemperatur an einem Quecksilber-Thermometer abgelesen. Mit einem registrierenden Doppelmanometer wurde noch der Dampfdruck vor und hinter dem Überhitzer und mit einem registrierenden Zugmesser der Unterdruck im Feuerraum und der Zug am Kesselende gemessen.

Für den bedienenden Kesselwärter blieben also stündlich oder halbstündlich folgende Ablesungen zu machen:

Zählwerke der 4 Kohlenwaagen,
Zählwerke der 2 Scheibenwassermesser,
Zählwerk des Venturiwassermessers,
Speisewassereintrittstemperatur,
Raumluftthermometer an Meßwagen 1 und 2.

Da ihm die Reihenfolge vorgeschrieben war, ergab sich durch das nicht ganz gleichzeitige Ablesen von Kohle und Wasser kein merkbarer Fehler. Daneben hatte er noch jede halbe Stunde von jedem Trichter eine Kohlenprobe zu nehmen. Diese Arbeiten konnte der Kesselwärter ohne Beeinträchtigung seines anderen Dienstes mit versehen, da sie nur fünf Minuten je Stunde in Anspruch nahmen. Die Wartung der Apparate, die Nullpunktskontrolle und das Abschneiden und Auflegen der Streifen besorgte ein Mechaniker in täglich zwei Arbeitsstunden.

Über die Auswertung der Versuche sei noch folgendes bemerkt: Um den Einfluß der falschen Luft am Ecoende zu vermeiden, wurde bei den mit der vorbeschriebenen Meßvorrichtung vorgenommenen Messungen CO_2, CO und Rauchgastemperatur am Kesselende gemessen. Der Rauchgasverlust wurde daraus nach Gleichung (9) bestimmt und der Ecowirkungsgrad davon abgezogen, wodurch der wahre Rauchgasverlust erhalten wurde. Ein Fehler wurde dabei insofern begangen, als der Strahlungsverlust des Ecomauerwerks als Rauchgasverlust gerechnet wurde. Dadurch dürfte sich auch der verhältnismäßig geringe Restverlust erklären, der auch den Verlust durch Unverbranntes in den Rückständen mit einschließt. Der Verlust durch brennbare Gase wurde nach Gleichung (12) bestimmt. Da beide sich nur auf den unteren Heizwert anwenden lassen, wurde die Umrechnung auf den oberen Heizwert durch Multiplikation mit $\frac{H_u}{H_o}$ vorgenommen. Sämtliche Rechnungen erfolgten mit dem Rechenschieber. Als Grundlage für die Bestimmung der Wärmeinhalte wurden Molliers Neue Tabellen und Diagramme für Wasserdampf benutzt.

Da bei den Dauerversuchen, die sich über mehrere Wochen erstreckten, Abschlämmventile und Eco-Überdruckventile nicht blindgeflanscht werden konnten, wurden im Lauf der Versuche die Rohrleitungen zur Kontrolle mehrmals abgenommen. Da vorher überholte Ventile eingebaut wurden, waren sie in den meisten Fällen absolut dicht. Bestehende Undichtigkeiten wurden durch Gefäßmessungen festgestellt und als konstante Verluste mit ihrem Wärmewert in der Rechnung berücksichtigt.

Die Kohlenanalyse wurde von dem Werkschemiker vorgenommen. Der Unterschied mehrerer von derselben Probe gemachten Heizwertbestimmungen lag meistens unter $\pm$ ½%.

B. Die Rohkohlenfeuerungen.

Es läßt sich sehr leicht berechnen, um wieviel der Wirkungsgrad höher wird, wenn man die feuchte Rohkohle durch Trocknen auf einen höheren Heizwert bringt. Nimmt man wieder rheinische Braunkohle mit $H_o = 2480$ und $H_u = 2000$ kcal an, so ist der Verlust durch Verdampfungswärme $V_d = \frac{480}{2480} = 19{,}3\%$. Bei natürlichem Zug muß die Abgastemperatur ungefähr 200° C betragen. Der Abgasverlust ist dann etwa 13,7%. Die unvermeidlichen Verluste betragen also schon ⅓ vom oberen Heizwert der Kohle. Wenn man jedoch all die Nebenkosten berücksichtigt, die durch erhöhtes Anlagekapital und Trockenwärmeverbrauch entstehen, so wird sich mit wenigen Ausnahmen die direkte Verfeuerung der Rohkohle am Gewinnungsort trotz der hohen Verluste am billigsten stellen. Verbunden mit dem früher den Kesselbetrieb beherrschenden Streben nach einfachsten Konstruktionen, gab diese Forderung die Richtung, in der die wenigen Firmen, welche sich dem Braunkohlen-Feuerungsbau widmeten, vorgehen mußten. Kein Wunder, daß man auf die einfache und sich selbst beschickende Schüttfeuerung kam. Ihre Anpassung an die Braunkohle verlangte allerdings eine große Menge von Erfahrungen, die, sozusagen Familienbesitz, eine Ausbreitung dieses Fabrikationszweiges auf andere Unternehmungen verhinderten.

Nach dem Kriege drängte die Forderung nach höchster Brennstoffersparnis und bald nachher das Streben, durch Aufnahme neuer Fabrikationszweige den Beschäftigungsgrad aufrechtzuerhalten, Firmen aus dem Steinkohlen-Feuerungsbau auch zur Braunkohle, deren Entwicklungsmöglichkeiten die der Steinkohle übertrafen. Diese Firmen waren mit mechanisch angetriebenen Feuerungen seit langem vertraut und suchten mit diesem Mittel auch den Brennstoffschwierigkeiten bei der Braunkohle zu begegnen. Man konnte kurze Zeit der Meinung sein, die mechanische Feuerung würde alles verdrängen. Dann erweckte die Kohlenstaubfeuerung Hoffnungen, die sich allerdings nicht in dem Maße erfüllten. Aber sie trieb doch den ganzen Feuerungsbau mächtig an und nach kaum zehnjähriger überstürzter Entwicklung hat die Rohkohlenfeuerung durch die verschiedenartigsten Verbesserungen ihren Platz behauptet und der Verfeuerung der Braunkohle den Weg weiter geebnet.

Bei der Behandlung der Feuerungen in den nachfolgenden Kapiteln soll die Einteilung so getroffen werden, daß unter der Bezeichnung Brennstoff erst die theoretischen Forderungen erörtert werden, welche die Beschaffenheit des Brennstoffes an die Ausbildung der Feuerung stellt. Darauf sollen die Ausführungsformen besprochen und schließlich unter der Bezeichnung Betriebsergebnisse die Erfahrungen und Versuchsergebnisse, die mit einzelnen Ausführungen erhalten wurden, zusammengefaßt werden. Bei dem engen Zusammenhang wird es sich allerdings nicht vermeiden lassen, daß gelegentlich ein Abschnitt in den anderen übergreift.

Es entspricht dem Konstrukteur am meisten, die Dinge in dieser Reihenfolge zu betrachten. Die grundlegende Entwicklung der älteren Feuerungen erfolgte jedoch rein empirisch. In allmählichem Fortschreiten wurden die Ergebnisse des praktischen Betriebs auf immer größere Verhältnisse angewandt. Die Schwierigkeit, alle maßgebenden Einflüsse des Feuerungsbetriebes erfassen zu können, haben zu dieser reinen Empirie gezwungen und die guten Erfolge, die damit erzielt wurden, verdienen alle Achtung. Als jedoch auch im Feuerungsbau der Kampf um Höchstleistung und um die letzten Prozente Wirkungsgrad begann, mußte versucht werden, den Erfolg auf Grund theoretischer Überlegungen zu erreichen, auch wenn nicht alle Einflüsse berücksichtigt werden konnten. Wir befinden uns noch in dieser Entwicklungsperiode, die neben gelegentlichen Fehlschlägen auch überraschend günstige Resultate zeitigte. Es soll besonders anerkannt werden, daß unser Feuerungsbau den Forderungen des Betriebs nach Weiterentwicklung stets rechtzeitig nachgekommen, ja sogar häufig vorausgeeilt ist.

III. Der Muldenrost.

1. Der Brennstoff.

Der hohe Feuchtigkeitsgehalt der Rohbraunkohle setzt ihre Brenngeschwindigkeit stark herab. Füllt man sie in einen Schacht ein, so wird bei dem langsamen Nachsinken in dem warmen Schacht die Kohle trocknen und bei höherer Temperatur entgasen. Je stärker die Vertrocknung ist, desto kleiner kann die Fläche des Brennrostes bemessen sein. Der Bau einer derartigen Schachtfeuerung bietet jedoch nicht geringe Schwierigkeiten, gilt es doch, die erzeugte Verbrennungsgasmenge zum Kessel abzuführen. Die Anordnung bringt Abb. 14.

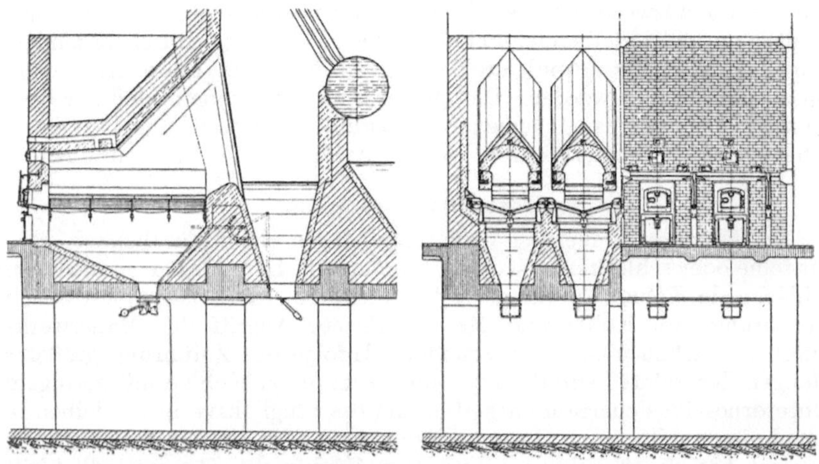

Abb. 14. Muldenrostfeuerung der Fa. Fränkel & Viebahn.

Durch einen geräumigen Vorwärmeschacht sinkt die Kohle auf den Rost. Dieser ist als Doppelrost mit dem Ausbrennrost in der Mitte angelegt. Um den Gasen einen Abzug zu lassen, ist über dem Rost ein tonnenförmiges Gewölbe eingezogen, das durch einen aufgesetzten Sattel die Kohle nach beiden Seiten drängt. Unter den Stützbalken dieses Gewölbes hindurch rutscht die Kohle auf den Rost. Das ungewohnte bei dieser Ausführung ist, daß entgegen den anderen Feuerungen, wo Flammenfäden und Kohlenvorschubrichtung eine Ebene senkrecht zur Rostbahn bilden, hier diese Fläche kurz nach dem Entstehen parallel zum Rost umgebogen wird, so daß Flammenfäden und Kohlenvorschubrichtung sich rechtwinklig kreuzen. Während an der einen Stirnwand des Tonnengewölbes das Feuergeschränk zum Einführen der Schürgeräte sitzt, öffnet sich die andere Seite gegen den Feuerraum.

Bei so geringen Rostflächen ist es nicht möglich, alle Verbrennungsluft durch den Rost zu führen. Das würde zu hohe Flugkoksverluste ergeben. Man führt daher einen Teil der Verbrennungsluft über dem Rost ein und erreicht damit, daß sich unter dem Gewölbe durch das

Vorhandensein brennbarer Gase nicht so hohe Temperaturen bilden können. Die Gasmischung und Verbrennung tritt erst im Feuerraum ein, wo die Strahlungsfläche des Kessels die Wärme aufnehmen kann. Infolge der starken Zufuhr von Oberluft scheint der Rost besonders für mulmige Kohlen geeignet. Bei stückigen Kohlen besteht die Gefahr, daß sie in dem engen Übergang des Vortrockenschachtes neben dem Gewölbe Brücken bilden. Die Feuerbreite ist beschränkt, man braucht von der älteren Bauart für je 100 qm Kesselfläche eine Feuerung.

2. Ausführung.

Die ältere Ausführung des Muldenrostes zeigt Abb. 14. Der Rost besteht aus einzelnen Roststäben, die bei der Anordnung im Betrieb nur schwer auswechselbar sind. Der Gasmischraum ist als Tonnengewölbe von gleichbleibender Scheitelhöhe ausgeführt. Durch besondere Luftklappen kann sowohl am Anfang als auch am Ende des Rostes Zusatzluft gegeben werden. Der Heizer muß dafür sorgen, daß der Rost immer gut bedeckt ist. Die neueren Ausführungen, welche mit mechanischem Antrieb gebaut werden, werden unter Kapitel V beschrieben.

3. Betriebsergebnisse.

Die Muldenrostfeuerung wird wegen ihrer Unempfindlichkeit gern für feine oder schlackende Kohlen genommen. Dem Heizer verursachen schlackende Kohlen allerdings viel Schürarbeit. Auch ist bei der nahen Berührung von Kohle und Mauerwerk ein Angriff des Mauerwerks durch Schlacken nicht zu vermeiden. Infolge der Zuführung größerer Mengen Zusatzluft kann die Feuerung trotz feiner Kohlen mit geringem Unterdruck im Feuerraum arbeiten und die Flugkoksverluste bleiben in annehmbaren Grenzen. Gegenüber dem später zu beschreibenden Treppenrost hat die Feuerung neben dem Vorzug der Unempfindlichkeit den großen Vorteil eines sauberen, staub- und rauchfreien Betriebes.

Die Beanspruchung des Rostes wird bei seiner Lage senkrecht zum Kessel, nicht überall gleich sein. Der gegen den Kessel zu gelegene Teil hat höheren Unterdruck im Feuerraum, bekommt jedoch teilweise schon ausgebrannte Zusatzluft. Er arbeitet stärker mit Unterluft. Der außenliegende Teil dagegen erhält die frische Zusatzluft bei weniger Unterdruck und arbeitet weniger durch den Rost. Den heutigen Forderungen nach hoher Leistung bei geringer Unterteilung vermag die Feuerung nicht mehr zu entsprechen und wird deshalb mehr und mehr durch den mechanisch angetriebenen Muldenrost ersetzt.

IV. Die Treppenrostfeuerung.

1. Der Brennstoff.

Der hohe Wassergehalt der Rohbraunkohle erfordert große Rostflächen. Diese Rostflächen unterzubringen, ist die Hauptschwierigkeit im Treppenrostbau. Durch die Kesselbauart und die Gebäudekosten wird die Breite des Rostes schon annähernd festgelegt. Will man die

Leistung erhöhen, so muß man daher die Roste verlängern. Man hatte bereits im Steinkohlenbetrieb die äußerste Baulänge des handbeschickten Planrostes erreicht, war dann zur Wurfbeschickung und schließlich zum mechanisch angetriebenen Wanderrost übergegangen. Die Rohbraunkohle erfordert noch viel größere Rostflächen und nur ihre besten Sorten von hoher mechanischer Festigkeit lassen sich auf Wanderrosten verfeuern. Es lag also nahe, den Rost dadurch zu verlängern, daß man ihn schräg legte und es dem Gewicht des Brennstoffes überließ, ihn bis ans Ende zu beschicken. Hätte man dafür die gewöhnlichen parallelen

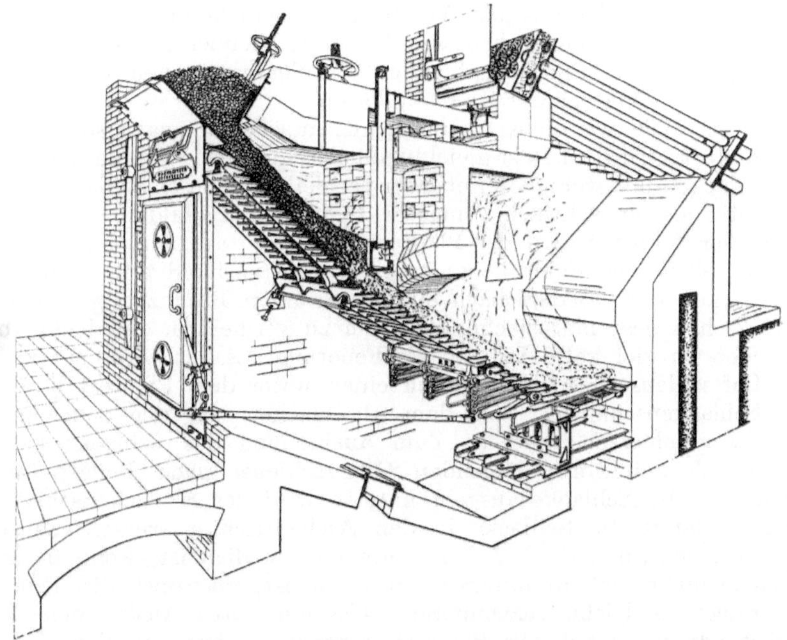

Abb. 15. Halbgas-Treppenrost-Feuerung der Babcockwerke.

Roststäbe des Planrostes genommen, so wäre die freie Rostfläche zu klein geworden und Verstopfungen durch Schlacke wären schwer zu vermeiden gewesen. Man sah sich daher gezwungen, durch dachförmiges Übereinanderlegen der Rostplatten die freie Rostfläche auf ein Maximum zu erhöhen und kam so zum Treppenrost.

Im Laufe der Zeit hat sich der Treppenrost zu der in Abb. 15 gezeigten Ausführung entwickelt und fast ein Vierteljahrhundert unverändert erhalten. Er besteht aus dem Aufgabetrichter, der im Betrieb stets mit Kohle gefüllt sein muß, dem unter ca. 45° stehenden Vortrockenrost, dem Brennrost und dem Schlackenrost. Der Rost besteht aus einzelnen Platten, welche treppenförmig übereinanderliegen. Sie liegen seitlich in gußeisernen Wangen, welche nur an ihren Enden gelagert sind, um eine Veränderung der Rostneigung zuzulassen. Die

Einstellung der Schichtstärke geschieht durch ein verstellbares, luftgekühltes Wehr. In dem zwischen Wehr und Vortrockenrost liegenden Vortrockenschacht soll die Kohle durch Wärmeaufnahme aus dem Feuerraum und durch das hier beginnende Grundfeuer vorgetrocknet werden. Da eine starke Trocknung erst bei Temperaturen beginnt, die nahe an 100 ⁰ liegen und bei 110 ⁰ die Kohle schon zu entgasen beginnt, ist es nicht möglich, bei dieser Feuerung Trocknung und Entgasung zu trennen. Da jedoch die Entgasung zum Teil schon vor der Verbrennung eintritt, hat die Bezeichnung Halbgasfeuerung ihre Berechtigung. Auf dem Brennrost trocknet und verbrennt die Kohle. Die Rauchgase mischen sich mit den aus dem Vortrockenschacht kommenden Schwelgasen und verbrennen auch diese. Ein feststehender Zündbogen, mit Öffnungen für das Hindurchgehen der Schwelgase versehen, hilft durch Strahlung die Zündung der Kohle einleiten.

In dem Maße, wie die Kohle abbrennt, rutscht neue nach, so daß die Schichtstärke auf dem Rost gleichbleibt und auf dem Ausbrennrost nur die Schlacken mit wenig Brennbarem verbleiben. Dieser Schlackenrost ist häufig als ein schwach geneigter Planrost ausgebildet. Zum Abziehen der Schlacke wird der Planrost nach vorn ausziehbar gemacht. Da eine selbsttätige Schlackenaustragung nicht vorhanden ist, muß das Abschlacken nach Bedarf nach einigen Stunden Brennzeit geschehen durch Ziehen des Planrostschiebers. Um zu vermeiden, daß beim Abschlacken zu viel kalte Luft in die Feuerung gesaugt wird, hat man eine Luftschleuse geschaffen durch einen unter dem Planrost liegenden Schlackenschieber. Vor dem Abschlacken soll der Schlackenschieber geschlossen werden. Zum Ausbrennen der Schlacke kann man durch den vorne liegenden Gitterschieber nach Bedarf Luft geben. Ist die Schlacke ausgebrannt, so wird der Schlackenschieber gezogen, damit die Schlacke in den Aschentrichter stürzt. Es sei gleich bemerkt, daß diese Arbeitsweise nur möglich ist, wenn in der Schlacke nicht viel Brennbares enthalten ist, da sonst die Feuergeschränke zu leicht verschmoren. Um ein gutes Ausbrennen der Rückstände schon auf dem Planrost zu erreichen, hat man über diesen nochmals ein Feuergewölbe gelegt, das durch Rückstrahlung die Verbrennung unterstützen und gleichzeitig die Gase so lenken soll, daß die sauerstoffreicheren Gase vom unteren Teil des Rostes sich mit den sauerstoffärmeren vom oberen Teil durchmischen. Dem gleichen Zweck dienen besondere Einbauten, Wirbelbogen genannt. Durch eine schlundförmige Öffnung steht der Feuerraum mit dem ersten Zug des Kessels in Verbindung. Die Größe dieser Öffnung mit der durch sie freigelegten Strahlungsfläche des Kessels bestimmen die erreichbare Feuerraumtemperatur.

Das Gewicht des schweren Treppenrostes ruht auf wenigen Punkten und diese müssen noch eine Veränderung der Rostneigung zulassen. Man konnte daher die Rostbreite nicht übermäßig ausdehnen. Der Rostlänge setzen die Brennstoffeigenschaften eine Grenze. Daher war man gezwungen, mehrere gleichartige Roste nebeneinanderzulegen. Wenn der Kessel freisteht, lassen sich zwei Roste durch Schau- und

Stochöffnungen von beiden Seiten leicht übersehen und in Ordnung halten. Werden jedoch drei und mehr Roste nebeneinandergelegt, oder die Kessel aneinandergebaut, so ist die Beobachtung der Planroste fast unmöglich. Ein gutes Planrostfeuer ist jedoch für die Verbrennung das Wichtigste. Es sollte daher bei mehrfachen Treppenrostfeuerungen angestrebt werden, hinter den Planrosten noch einen Gang frei zu machen, von dem aus die Planroste beobachtet und gestocht werden können.

Denken wir uns einen Treppenrost mit einem sehr starken Verkleinerungsglas betrachtet, so wird seine Rutschfläche eine Ebene darstellen, auf der eine staubfeine Brennstoffschicht lagert. Wir werden also nicht sehr fehl gehen, wenn wir, um eine Grundlage zu schaffen, die Gesetze der schiefen Ebene auf den Treppenrost anwenden.

Betrachten wir zunächst eine Kugel auf der schiefen Ebene, Abb. 16. Ist die Ebene sehr glatt, so wird die Kugel bei der geringsten Neigung schon ins Rollen kommen. Ist die Fläche rauher, so wird immerhin noch eine geringe Neigung genügen, um die Kugel abrollen zu lassen. Wann rollt nun ein Körper? Wir betrachten dies an einem Würfel, Abb. 16. Sobald die schiefe Ebene eine solche Neigung hat, daß die Kraftlinie des Gewichtes G des Körpers außerhalb dessen äußersten Auflagepunktes fällt, entsteht ein Drehmoment, das den Körper um seinen tiefsten Stützpunkt dreht. Fällt die Kraftlinie innerhalb des äußersten Auflagepunktes, so tritt eine Drehung des Körpers nicht ein. Der Körper kann nun, wenn die Reibung nicht genügt, längs der schiefen Ebene rutschen oder er kann, wenn genügend Reibung vorhanden ist, an seiner Stelle stehen bleiben. Denken wir uns das Gewicht G des Körpers in eine Komponente parallel zur schiefen Ebene P, und eine normal zu ihr, N, zerlegt, so erzeugt diese Normalkomponente in der Auflagerfläche eine Reibungskraft $R = \mu \cdot N$, welche stets entgegengesetzt der relativen Bewegungsrichtung des Körpers wirkt. Die Reibungskraft wirkt also am Körper nach oben, an der schiefen Ebene nach unten. Sie kann niemals größer sein als die bewegenden Kräfte, da sonst eine Bewegung entgegen der Schwerewirkung eintreten würde.

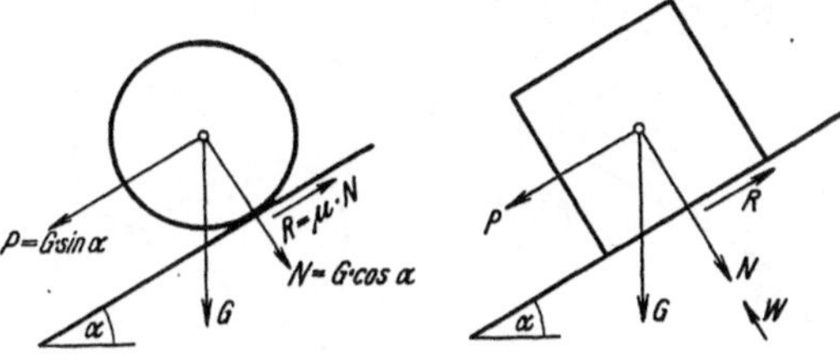

Abb. 16. Die schiefe Ebene.

Die Kraft R ist also abhängig von dem Reibungskoeffizienten μ. Dieser ist wieder abhängig von Material und Beschaffenheit der reibenden Flächen und ist anders für Ruhe, rollende oder gleitende Bewegung. Man spricht daher von den Reibungskoeffizienten der ruhenden, der gleitenden und der rollenden Reibung. Da die ruhende Reibung am größten, die rollende am kleinsten ist, kann ein Körper, der durch äußere Kraftwirkung aus der Ruhe in Bewegung versetzt wurde, nur dann wieder zur Ruhe kommen, wenn die Reibung der Bewegung groß genug ist, oder wenn er durch eine äußere Kraft aufgehalten wird.

Beim Brennstoff kommt noch dazu, daß er in hoher Schicht liegt, so daß viele Körner übereinanderliegen, außerdem, daß der Unterdruck im Feuerraum als Kraft W, der Normalkraft N, entgegenwirkt. In Abb. 17 sind diese Verhältnisse dargestellt, und zwar bezeichnen die kleinen Buchstaben die Kraftwirkungen auf ein Korn, die großen die Resultierende dieser gleichgerichteten Kraftwirkungen auf die betrachtete Schicht. Jedes Korn steht also unter der Wirkung eines Drehmomentes, das jedoch, wie das Nebenbild zeigt, durch die Reibung an der um 90° versetzten Berührungsstelle mit den Nachbarkörnern wieder aufgehoben wird. Die Kraftwirkung des Unterdrucks an jedem Korn ist der durch die Reibung der vorbeiströmenden Verbrennungsluft an der Oberfläche hervorgerufene Energieverlust.

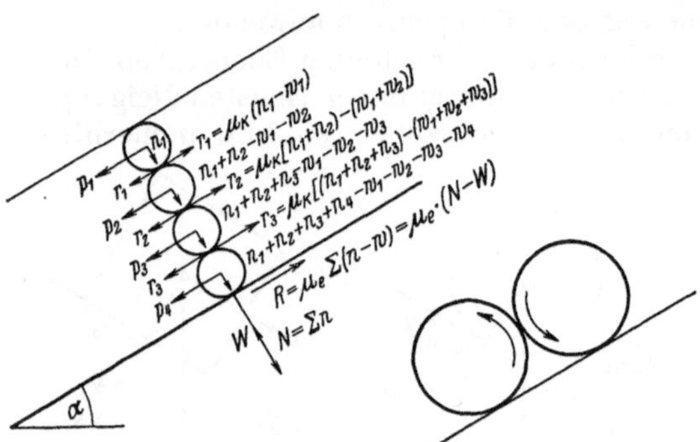

Abb. 17. Kräfteverteilung in der Kohlenschicht.

Bei der Kohleschicht ist außer den Reibungskoeffizienten der Ruhe und der Bewegung noch zu berücksichtigen, daß die Reibungskoeffizienten von Kohle gegen Kohle und Kohle gegen Eisen verschieden sind. Da auch der Grad der Trocknung, der Entgasung und die Temperatur der Kohle, sowie die Form und der Abstand der Rostplatten einen schwer bestimmbaren Einfluß haben, wäre es zwecklos, absolute Zahlenwerte bestimmen zu wollen. Dagegen ist es möglich, Vergleichszahlen zu finden, in denen diese nicht bestimmbaren Größen überall vorkommen, also für den Vergleich aus der Rechnung fallen.

Wie schon erwähnt, ist der Reibungskoeffizient Kohle gegen Kohle und Kohle gegen Eisen nicht gleich, und zwar wird ersterer im allgemeinen größer sein. Die Oberfläche der Kohle wird sich daher unabhängig von der Rostneigung einstellen und wir können einen Böschungswinkel für Kohle auf Kohle und einen solchen für Kohle auf Eisen unterscheiden, der zum Unterschied von ersterem als Rutschwinkel bezeichnet werden soll.

Die Korngröße des Brennstoffes hat auf den Böschungswinkel keinen Einfluß. Das wird jedem, der schon mit Treppenrostfeuerungen zu tun hatte, als ein Trugschluß erscheinen. Aber dem ist nicht so. Wohl mag eine geringe Einwirkung bestehen, weil wir im Verhältnis zur Korngröße und Stufenteilung den Treppenrost doch nicht als ideale schiefe Ebene bezeichnen können, die Hauptursache dieses scheinbaren Widerspruches ist jedoch die Kraftwirkung des Unterdruckes auf die Brennstoffschicht.

Ein Treppenrost wird nicht wie eine Steinkohlenfeuerung mit klassierter Kohle und geringem Unterdruck, sondern je nach der Beschaffenheit der Kohle, mit erheblichem Unterdruck im Feuerraum gefahren.

Um bei annähernd gleicher Wärmeausnutzung gleiche Kesselleistung zu erreichen, muß, sobald sich einer der Faktoren: Stärke der Brennstoffschicht und Zugunterschied vor und hinter dem Brennstoff ändert, der andere sich im gleichen Maße ändern. Denn der Zugverlust im Brennstoff ist nichts anderes als der Druckverlust durch Reibung der Luft an den Kohlenkörnern, berechnet nach der Formel:

$$W = K \cdot \frac{\varrho}{2} \cdot v^2 \cdot O. \tag{20}$$

Der Zugunterschied ist also direkt proportional der Größe der bestrichenen Brennstoffoberfläche. Diese ist einmal proportional der Dicke der Brennstoffschicht, dann aber ist sie auch abhängig von der Körnung der Kohle.

Denken wir uns als Idealfall, daß alle Kohlenkörner Kugelgestalt haben, so beträgt der Rauminhalt der Kugel, der das Gewicht bestimmt, da $G = \gamma \cdot V$ ist,

$$V = \frac{4}{3} \cdot \pi \cdot r^3 = \frac{d^3 \cdot \pi}{6}. \tag{21}$$

Die Oberfläche dieser Kugel ist:

$$O = 4 \cdot r^2 \cdot \pi. \tag{22}$$

Das Verhältnis Oberfläche zu Gewicht ist proportional dem Verhältnis Oberfläche zu Volumen und dieses soll wegen seiner Wichtigkeit bezeichnet werden als die Kennziffer Z der Braunkohle:

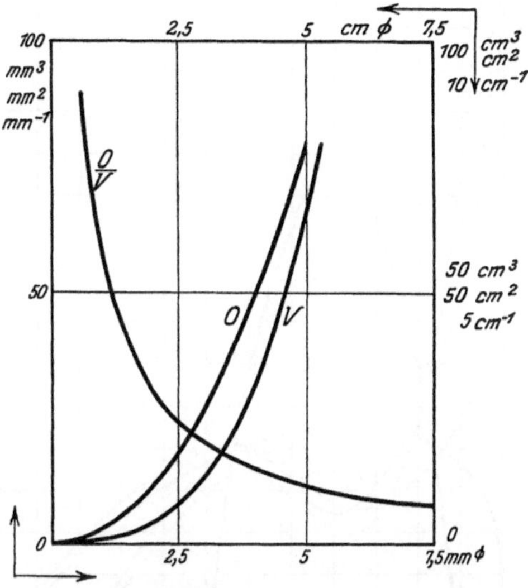

Abb. 18. Oberfläche O und Volumen V der Kugel, sowie Kennziffer $Z = \frac{O}{V}$.

$$Z = \frac{O}{V} = \frac{4 \cdot \pi \cdot r^2}{\frac{4}{3} \cdot \pi \cdot r^3} = \frac{3}{r} = \frac{6}{d}. \tag{23}$$

Je kleiner das Korn, desto größer wird also das Verhältnis Z. Dieses Verhältnis ist in Abb. 18 in Kurvenform für verschiedene Kugeldurchmesser eingetragen. Die Dimension dieser Verhältniszahl ist cm^{-1}. Es sind die Kurven für Oberfläche O, Volumen V und aus diesen berechnet der Verhältniswert Z eingetragen. Die Abszissen geben den Kugeldurchmesser an. Da vielfach für ähnliche Berechnungen Würfelform des Kornes angenommen wird, sei gleich darauf hingewiesen, daß die Kurve Z auch für einen Würfel von der Kantenlänge $= d$ gilt. Die Oberfläche eines solchen Würfels ist nämlich $O = 6\,d^2$ und sein Volumen $V = d^3$. Das Verhältnis ist dann $\frac{O}{V} = \frac{6\,d^2}{d^3} = \frac{6}{d}$. Die Kurven für Oberfläche oder Volumen allein gelten dagegen nur für die Kugel.

Infolge der Abbaumethoden ist es bei Braunkohlen nicht möglich, stets den gleichen Korndurchmesser zu erhalten. Je weicher die Kohle ist, desto verschiedenere Körnungen werden vorkommen. Da auch die Brikettfabriken für sich nur die feinen Kohlen von 10 mm abwärts absieben, ist die Siebkohle noch immer nicht von gleicher Körnung. Für die nicht sehr widerstandsfähige rheinische Braunkohle sind diese Verhältnisse in Abb. 19 graphisch dargestellt. Die Abszisse gibt den Korndurchmesser in Zentimetern, die Ordinate den Prozentgehalt für je einen Korngrößenbereich von 10 zu 10 mm an. Will man z. B. $^1/_{10}$ des Korngrößenbereiches, also von 1 zu 1 mm betrachten, so muß der Ordinatenmaßstab durch 10 dividiert werden. Es sind dort angegeben:

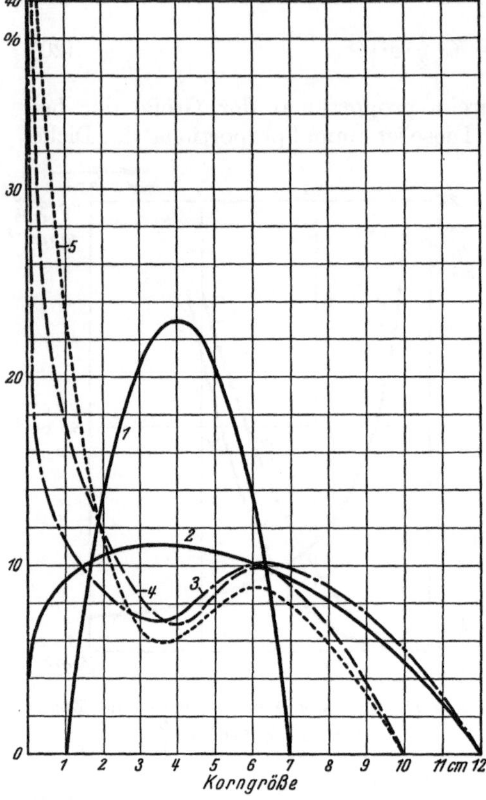

Abb. 19. Siebproben von rheinischer Braunkohle aus einer Grube, jedoch verschieden aufbereitet.

1. Ideale Siebkohle, wie sie bei der Absiebung zwischen 10 und 70 mm anfallen sollte;

2. Siebkohle, mit geringem Feinkohlenzusatz, wie sie meist von der Brikettfabrik geliefert wird. (Die Brikettfabrik siebte die Kohle nur nach unten ab. Die obere Grenze ergibt sich durch die Brecher. Kann die ganze abgesiebte Feinkohle nicht verarbeitet werden, so wird der Überschuß der Siebkohle wieder zugesetzt).

3. Förderkohle von einem Eimerketten-Tiefbagger, die noch in einem Brecher mit einem Gang gebrochen wurde;

4. Förderkohle, wie sie ein Kratzbagger an einem Stoß von etwa 25 m Höhe liefert, aufbereitet wie unter 3.;

5. Förderkohle von demselben Kratzbagger, wenn er nicht tief genug schneidet, oder an einem Stoß mit verwitterter Kohle arbeitet, sonst aufbereitet wie unter 3.

Es ist auffallend, daß sämtliche Kurven fast bei den gleichen Korngrößen Maxima aufweisen. Das Maximum bei 60 mm ist die Korngröße, die sich durch die zweckrichtige Zerkleinerung der Kohle durch Bagger und Brecher einstellt, das andere bei 10 mm umfaßt die Feinkohlen, die von Bagger, Brecher, Schurren und sonstigen Einwirkungen entgegen deren Bestimmung zermalmt werden. Das Idealbild der reinen Siebkohle wird in keinem Falle auch nur annähernd erreicht.

Berechnet man nach Abb. 18 das Verhältnis Z für die verschiedenen Kohlen, so ergibt sich folgende Zusammenstellung:

Kohlenart	$Z = \frac{O}{V}$ in cm^{-1}
Reine Siebkohle	1,65
Siebkohle mit Zusatz	1,75
Tiefbagger-Förderkohle	2,45
Kratzbagger-Förderkohle	3,45
Schlechte Kratzbaggerkohle	4,70

Wie ungleichmäßig die „gute“ Tiefbaggerkohle noch ist, zeigt Abb. 20. Dort ist die Korngrößenverteilung aufgetragen in der vereinfachenden Annahme, daß alle Körner Kugeln sind und nach dem Meridian geschnitten werden. In den kleinsten Kreisen sind sämtliche Korngrößen unter 5 mm zusammengefaßt. Es sind noch staubfeine Teilchen darin enthalten. Bei schlechteren Kohlen konnten nach entsprechender Trocknung bis zu 8 % der Kohle durch das 900-Maschensieb gebracht werden, sie sind also als blasfertiger Staub zu betrachten.

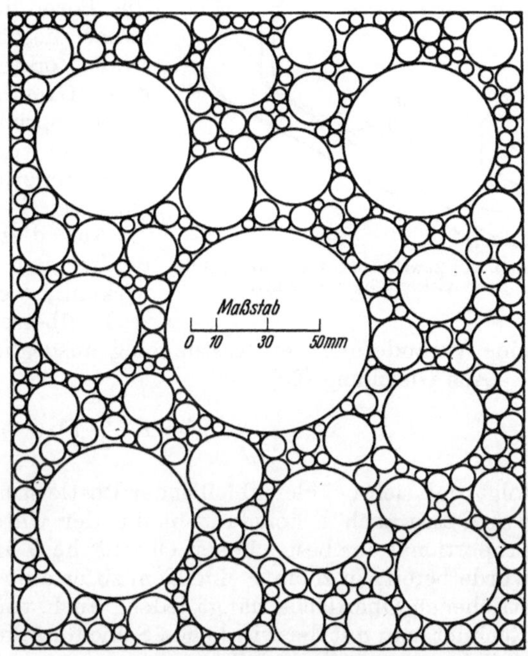

Abb. 20. Korngrößenverteilung bei guter Förderkohle aus einer rheinischen Grube.

Es ist schon nach dem Augenschein anzunehmen, daß bei so ungleichmäßiger Korngröße die Luftverteilung ebenfalls nicht gleichmäßig ist. An den Wänden der großen Stücke erfährt die Luft zu wenig Widerstand, sie geht dort mit großer Geschwindigkeit durch die Schicht und reißt die kleinen Teilchen mit in den Feuerraum. Dort kann ein solches Korn, wenn es leicht genug ist, mit in die Züge gerissen werden, wo es als Flugkoks in den Aschentrichter fällt. Ist es noch zu schwer, so wird es in einer oder mehreren Wurfparabeln auf den Planrost fliegen, wie dies Abb. 21 darstellt. Bedenkt man, daß die Kohle im Feuer selbst noch zerfällt und durch die Entgasung die Kokskörner ein bedeutend geringeres Raumgewicht annehmen, so erscheint es begreiflich, wenn man bei derartigen Brennstoffen die Erscheinung beobachten kann, daß diese Teilchen auf dem Rost wie Wasser über die Oberfläche der Kohle gleiten und nach kurzer Zeit den Planrost in der in Abb. 21 gestrichelt gezeichneten Weise zugedeckt haben. Die Folge ist ein starker Rückgang der Kesselleistung und ein baldiges Verschmoren der unteren Rostteile, da dieser Flugkoks mit der Schlacke zu einer breiigen Masse zusammenschmelzen kann, welche keine Luft mehr durchläßt.

Der Treppenrost muß so eingestellt werden, daß in dem Maße, wie die Kohle auf dem Rost abbrennt, neue Kohle nachrutscht. Die Kohlenschicht auf dem Rost stellt also gewissermaßen einen labilen Zustand dar, der nur durch das Einwirken einer äußeren Kraft, des Reibungswiderstandes auf dem Planrost, in eine künstliche Stabilität gebracht wird. Jede geringe Veränderung einer der anderen Bedingungen, von welchen die Form der Schicht abhängt, muß daher diesen labilen Zustand wieder zum Vorschein bringen, und nur dem Grundgesetz, daß die Natur keine Sprünge macht, ist es zuzuschreiben, daß ein Treppenrost wenigstens innerhalb einer Neigungsänderung von 1—2^0 unempfindlich bleibt.

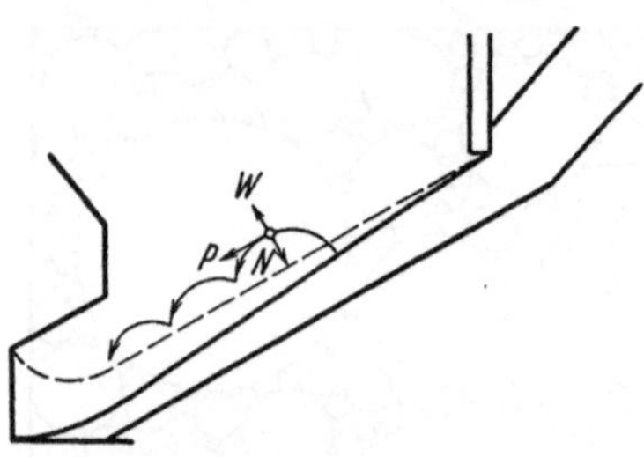

Abb. 21. Zuwehen des Planrostes bei ungleichmäßiger Körnung.

Aus dieser einfachen Überlegung ergibt sich schon, daß jede Einwirkung, welche diese Toleranz von $\pm 1^0$ überschreitet, unbedingt durch eine Veränderung der Rostneigung ausgeglichen werden muß.

Aus Gleichung (20):

$$W = K \cdot \frac{\varrho}{2} \cdot v^2 \cdot O$$

folgt, daß sich bei gleichbleibender Rostleistung und Wärmeausnutzung, wobei also auch v konstant bleibt, der Unterdruck W im Feuerraum proportional der bestrichenen Oberfläche O ändert. Für die Oberfläche wurde bereits in Z cm^{-1} eine Kennziffer aufgestellt. Die Größe der bestrichenen Oberfläche hängt jedoch auch von der Schichtstärke S ab. Rechnet man mit der wirklichen Schichtstärke am Wehr, S cm und multipliziert sie mit Z, so ist $Z \cdot S$ eine unbenannte Zahl und ein unabhängiges Maß für die Größe der bestrichenen Brennstoffoberfläche. Das Produkt $Z \cdot S$ besagt also, daß ohne Veränderung der Rostneigung und der Leistung eine Veränderung der Kohlenkörnung durch eine entsprechende Veränderung der Schichtstärke ausgeglichen werden kann.

Es war nun zunächst notwendig, für eine bestimmte Rostleistung die Abhängigkeit des Rostneigungswinkels von der Kohlenbeschaffenheit zu untersuchen. Diese Messungen, die an den in Betrieb befindlichen Feuerungen vorgenommen werden mußten, ergaben die schon eingangs erwähnte Feststellung, daß die Körnung der Kohle nur insofern einen Einfluß hat, als durch sie der erforderliche Unterdruck W bestimmt wird. Dagegen besteht zwischen W und dem Rostneigungswinkel α

ein so deutlicher Zusammenhang, daß er auch bei den groben Betriebsmessungen bestimmt werden konnte. Dieser einfache Zusammenhang in ist Abb. 22 durch die Zugehörigkeit der beiden Maßstäbe für W und α dargestellt. Wegen der begrenzten Verstellbarkeit der Roste bewegten sich die Messungen nur zwischen 33 und 26^0. Die außerhalb liegenden Werte wurden durch Extrapolieren gewonnen.

Bei einem so deutlichen Zusammenhang muß es möglich sein, die Gesetzmäßigkeit auch rechnerisch annähernd erfassen zu können. Betrachten wir aus der auf dem Rost liegenden Brennstoffschicht einen Würfel von 1 dm³, wie in Abb. 16 dargestellt. Das Gewicht dieses Würfels deckt sich mit dem Schüttgewicht γ der Kohle. Im labilen Gleichgewicht drückt der Würfel auf seine Unterlage mit einer Flächenpressung von $\gamma \cdot \cos\alpha$ kg/dm², der der Unterdruck W entgegenwirkt. Die Reibungskraft beträgt daher $(\gamma \cdot \cos\alpha - W)\cdot\mu$. Sie muß mit der Parallelkomponente $P = \gamma \cdot \sin\alpha$ im Gleichgewicht stehen. Die Gleichgewichtsbedingung für das richtige Nachrutschen der Kohle lautet also

$$(\gamma \cdot \cos\alpha - W)\cdot\mu = \gamma \cdot \sin\alpha \tag{24}$$

oder

$$W = \gamma \cdot \left(\cos\alpha - \frac{\sin\alpha}{\mu}\right) \text{kg/dm}^2 . \tag{24a}$$

Darin bedeuten:

W den Unterdruck im Feuerraum in kg/dm². Multipliziert man die Gleichung mit 100, so erhält man W in kg/m² oder mm WS. γ ist das Schüttgewicht der Kohle, im untersuchten Falle $= 0{,}65$. μ ist der Reibungskoeffizient von Kohle gegen Eisen. Seine direkte Bestimmung ist umständlich. Er läßt sich jedoch einfach bestimmen als die Tangensfunktion des Rutschwinkels von Kohle auf Eisen α_0 bei $W = O$. Bei der untersuchten Kohle wurde sowohl der Böschungswinkel der Kohle als auch der Rutschwinkel auf Eisen gleich groß gefunden zu $\alpha_0 = 37^0$.

Berechnet man nach Gleichung (24a) für die untersuchte Kohle zu verschiedenen α das W, so findet man eine sehr weitgehende Übereinstimmung zwischen Messung und Rechnung. Die Gleichung dürfte daher für alle Kohlen brauchbar sein und ist leicht anwendbar, weil γ und α_0 mit sehr einfachen Mitteln bestimmt werden können.

Diese Abhängigkeit gibt jedoch noch keinen Zusammenhang mit der Rostleistung. Es muß wenigstens ein Punkt für eine bestimmte Rostleistung bei bestimmtem $Z\cdot S$ durch Messung festgelegt werden. Die Gerade als Verbindung dieses gefundenen Punktes mit dem Nullpunkt entspricht der Bedingungsgleichung (20a):

$$\boldsymbol{W = \text{konst.}\, Z\cdot S.}$$

Nimmt man dagegen v als veränderlich an, so lautet die Gleichung (20a):

$$W = \text{konst.}\, v^2 .$$

Der erforderliche Unterdruck ist proportional dem Quadrat der Luftgeschwindigkeit und damit auch dem Quadrat der Rostleistung, gleiche Wärmeausnutzung vorausgesetzt. Mit dieser Beziehung lassen sich aus dem einen gemessenen Punkt auch die Linien für andere Leistungen konstruieren. Diese Berechnungen wurden in dem im Betriebe möglichen Bereich nachgeprüft und stimmten mit den Messungen bis zur Toleranz der ziemlich primitiven Meßmethoden überein.

Vorgenommen wurden die Messungen mit rheinischer Braunkohle von $H_u = 2000$ kcal, 60 % Wasser, $\gamma = 0{,}65$, $\alpha_0 = 37^0$. Da man heute die Rostleistung nach verschiedenen Gesichtspunkten beurteilt, sei die Umrechnung der Einheiten angegeben:

A: Alte Berechnung: Rostfläche = Brennrost + Trockenrost.

B: Neue Berechnung: Rostfläche = Planrost + Brennrost bis Wehr.

C: Sonderberechnung: Feuerbreite in Meter.

Bei den untersuchten Rosten entsprechen:

100 kg/m²/h A = 120 kg/m²/h B = 600 kg/m/h C.

In Abb. 22, die nach den vorstehenden Messungen und Berechnungen zusammengestellt ist, wurde die Bezeichnung C, kg/m/h verwendet. Die Abb. zeigt folgendes:

1. Jedem Unterdruck ist, unabhängig von der Kohlenkörnung, ein bestimmter Rostneigungswinkel zugeordnet, der nur von den physikalischen Eigenschaften der Kohle, γ und α_0, abhängt.

2. Durch Vermindern des Zuges bei gleichzeitigem Vermindern der Schichtstärke, kann die Rostleistung auch bei feinkörnigerer Kohle aufrecht erhalten werden, ohne den Rostneigungswinkel ändern zu müssen.

3. Veränderung der Leistung bei gleichbleibender Kohle und Schichtstärke erfordert ein Nachstellen der Rostneigung. Im Betriebe muß man bei den bisherigen Bauarten über diese Bedingung hinweggehen, da die Rostneigung nur schwierig zu verändern ist. Der Rost wird also eigentlich immer unter einem falschen Winkel eingestellt sein. Andererseits erklärt sich daraus auch die Erscheinung, daß ein richtig eingestellter Rost in der Leistung nur wenig Veränderung zuläßt.

4. Je feinkörniger die Kohle ist, desto weniger ist es möglich, durch Zugerhöhung die Leistung zu erhöhen. Siebkohlen machen die Feuerung in den weitesten Grenzen regulierfähig.

Nicht berücksichtigt ist in den Berechnungen der Einfluß des Planrostes, doch werden im allgemeinen die Ergebnisse des praktischen Betriebes noch ungünstiger sein als die berechneten, weil der Rost selten in seiner richtigen Neigung steht. Es ist auch nicht berücksichtigt, daß infolge der Entgasung und Entwässerung das Schüttgewicht der Kohle sich auf dem Rost ändert. Im unteren Teil des Rostes wird daher der Böschungswinkel der Kohle flacher sein. Ausgeglichen wird dieser Einfluß zum Teil wieder dadurch, daß bei den großen Luftgeschwindigkeiten und der dünnen Schicht am unteren Teil des Rostes der Zugverlust an den Rostplatten so groß wird, daß er den auf der Kohle liegenden Unterdruck bis auf die Hälfte herabsetzen kann. Wenn trotzdem Rechnung und Messung gute Übereinstimmung geben, so dürfte dies vor allem auf die Einführung der Kennziffer Z zurückzuführen sein, welche sowohl für die Kugel, wie auch für den Würfel gilt und daher den Einfluß der Stückform fast vollständig eliminiert.

Die vorstehenden Darlegungen haben gezeigt, daß die Beschaffenheit der Kohle den Unterdruck stark beeinflußt. Ideal sollte die Brennstoffschicht möglichst gleich stark sein. Da jedoch durch die fortschreitende Trocknung und Entgasung, sowie durch die längere Einwirkung der

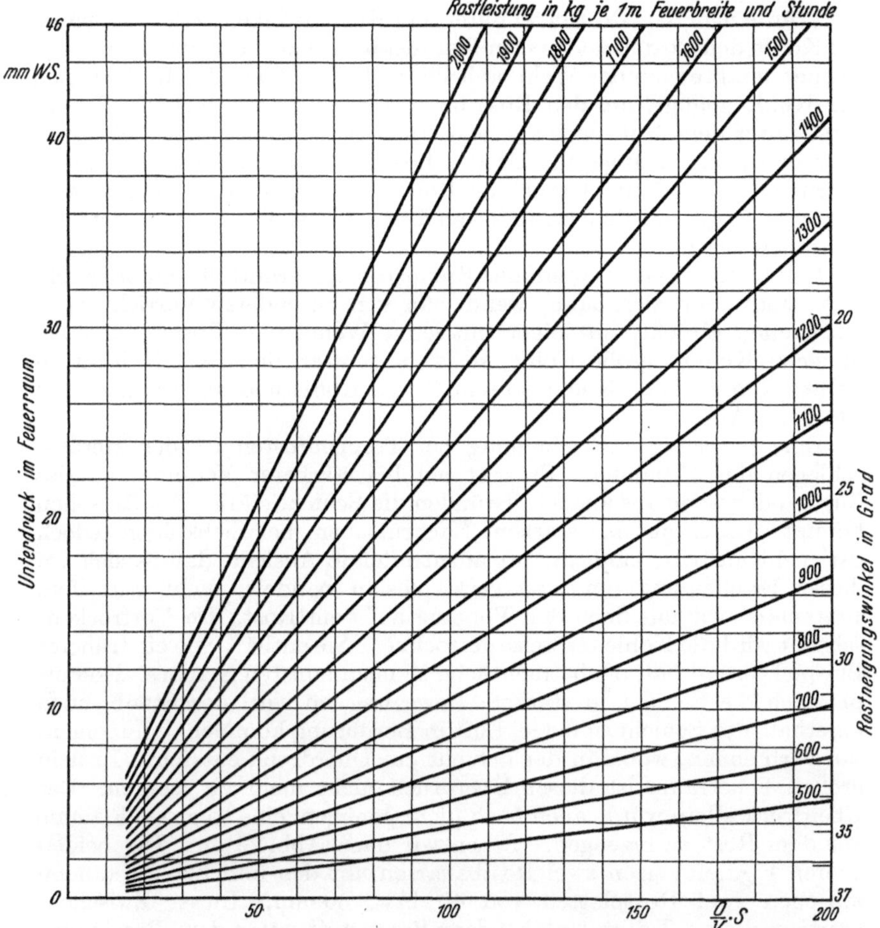

Abb. 22. Zuordnung von Rostneigung und Unterdruck im Feuerraum, sowie Abhängigkeit der Rostleistung von Unterdruck im Feuerraum und Kohlenkörnung $Z \cdot S = \frac{O}{V} \cdot S$.

Rückstrahlung aus dem Feuerraum die Verbrennung gegen das Rostende zu bedeutend lebhafter wird, muß man die Schichtstärke dorthin abnehmen lassen, um an dieser Stelle die erforderlichen größeren Verbrennungsluftmengen durchzusaugen. Man würde theoretisch den Rost so einstellen müssen, daß die Neigung eben noch genügt, um den Brennstoff bis zum Schlackenrost zu schieben. Da man mit Veränderung des Zuges und der Kohle rechnen muß, stellt man den Rost steiler als den Rutschwinkel und läßt den verbleibenden Rest der Parallelkraft P vom Schlackenrost aufnehmen. Mit dem Zug ändert sich infolge der Änderung der Reibungskraft auch der Rest dieser Parallelkraft, das heißt, es ist eine größere oder kleinere Fläche des Planrostes erforderlich, um die Kohlenschicht abzustützen.

Würde man den Rost noch unter den Rutschwinkel stellen, so würde die Kohle den Rost nicht bis zum Planrost bedecken. Um dies doch zu erreichen, müßte man das Wehr so hoch stellen, daß der Böschungswinkel der Kohle genügt, um den Rost bis ans Ende zu beschicken. Da der Rost unter dem Rutschwinkel liegt, rutscht der Brennstoff nicht, sondern er brennt solange ab, bis der Böschungswinkel der Kohle unterschritten ist, die dann plötzlich ins Rollen kommt und durch die Energie der Bewegung und den veränderten Unterdruck die ganze Schicht ins Rutschen bringt.

Unangenehm ist es, wenn der Brennstoff unvermittelt und oft wechselt. Man muß sich dann, wenn man von besonderen Vorrichtungen einstweilen absieht, mit einer mittleren Wehr- und Roststellung begnügen. Kommt grobe Kohle, so ist es schwer, den Rost bedeckt zu halten, kommt feine Kohle, so schießt die Kohle und überschüttet den Planrost, Abb. 21.

Eine berüchtigte Erscheinung bei Treppenrosten ist das Herausschlagen der Flammen. Es tritt ein bei stärkerer Veränderung des Zuges, oder wenn aus anderen Gründen die Schicht stärker ins Rutschen kommt. Da es nur bei starkem Nachrutschen, bei Siebkohlen jedoch gar nicht auftritt, kann die oft anzutreffende Ansicht, daß es sich bei dieser Erscheinung um eine Gasexplosion handelt, nicht zutreffen. Betrachten wir uns doch den Vorgang auf dem Rost. Im Vortrockenschacht wird die Kohle teilweise getrocknet. Sie enthält, wie ein früheres Beispiel gezeigt hat, oft beträchtliche Mengen feinsten Staubes. Kommt plötzlich die Schicht in stärkere Bewegung, so wird der Staub, noch innerhalb der Schicht, mit viel Luft in Berührung kommen und momentan verbrennen, wobei in der Schicht ein Überdruck entsteht. In dem großen Feuerraum ist dieser Überdruck nicht mehr zu merken. Der Überdruck allein würde auch noch nicht genügen, eine so große Flamme vor dem Rost zu erzeugen. Sehen wir dazu Abb. 23 an. Die beiden oberen Figuren zeigen zwei Rostbauarten mit den üblichen Abständen zwischen zwei Rostplatten von 40 bzw. 50 mm. Dieser Zwischenraum wird zum Teil mit glühendem Brennstoff unter dem Böschungswinkel ausgefüllt. Es ist jene berüchtigte Braunkohlenglut, die oberflächlich ganz ausgebrannt aussieht, im inneren jedoch glühender Kohlenstaub ist. Sobald der Überdruck aus der Schicht nur so groß ist, daß er diese glühende Asche von den Rostplatten nach außen bläst, zündet sie sofort und gibt die gewaltige Flamme. Ein Beweis für diese Auffassung ist auch, daß im unteren Teil des Rostes, wo die große Luftgeschwindigkeit keine Ablagerungen von Asche mehr zuläßt, keine Flammenbildung eintritt.

Hat man den Grund einmal erkannt, so darf es nicht schwer fallen, Abhilfe zu schaffen. Man kann, wie in Abb. 23 links unten, die Platten neigen in der Hoffnung, daß nun die Asche mit in die Brennstoffschicht gezogen wird. Die tote Ecke für Aschenablagerung wird nicht viel kleiner und die Neigung muß beträchtlich sein, wenn der erwartete Erfolg eintreten soll. Dann kann jedoch der Heizer das Feuer auf den Platten nicht mehr sehen. Einfacher läßt sich der Zweck erreichen, wenn man, wie in Abb. 23 rechts unten, den Plattenabstand verkleinert. Die möglichen toten Winkel nehmen im quadratischen Verhältnis der Plattenabstände ab. Geht man also auf halben Plattenabstand, so kann sich nur mehr ein Viertel der Asche ansammeln. Es kommt noch dazu, daß durch die größere Plattenzahl der freie Rostquerschnitt kleiner wird und die mit erhöhter Geschwindigkeit durchgehende Luft keine Aschen-

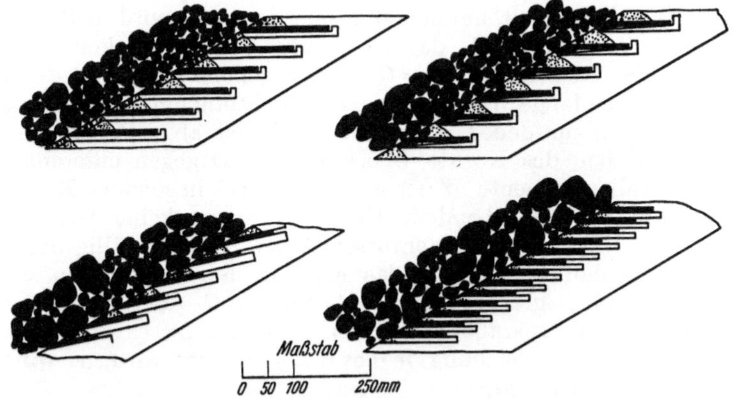

Abb. 23. Bildung von Aschensäcken bei verschiedener Stufenform.

ansammlungen zuläßt. Dem Einwand, daß dadurch der Zugwiderstand steigt, ist leicht zu begegnen, denn die Platten können bei kleinerer Stufenteilung kürzer werden, so daß sich der Zugverlust und das Rostgewicht nur wenig erhöht. Der einzige Nachteil ist, daß bei der engen Plattenteilung die Bedienung mit Schürgeräten schwieriger wird. Man kann jedoch im unteren Teile, wo sich Schlacken ansetzen, die größere Stufenteilung beibehalten. Versuche mit rheinischer Braunkohle haben die Richtigkeit dieses Standpunktes bewiesen. Nach Verdoppelung der Plattenzahl, also Verminderung des Plattenabstandes von 40 auf 10 mm, war das Herausschlagen der Flammen, trotzdem der Versuchskessel die schlechteste Kohle bekam, viel geringer als an den anderen Feuerungen.

Eine andere unangenehme Erscheinung ist das Mitreißen von Flugkoks, durch das große Wärmeverluste entstehen können. Der Flugkoks ist fast reiner Kohlenstoff, da er außer der Asche kein Wasser, kein O, H, N und S enthält. Sein Heizwert wird daher nahe bei dem des reinen Kohlenstoffs = 8100 liegen. Wenn ein Kessel 2% der verfeuerten Kohlenmenge von z. B. $H_u = 2000$ kcal als Flugasche abgibt, und diese noch 50% Verbrennliches enthält, so ist der Gewichtsverlust an Unverbranntem $\frac{50}{100} \cdot 2 = 1\,\%$. Da dieser Flugkoks jedoch einen

Heizwert von ca. 8000 kcal hat, ist der Wärmeverlust $\frac{8000}{2000}\cdot 1 = 4\%$ des nutzbaren unteren Heizwertes der Kohle. Die außerordentliche Höhe dieses Verlustes läßt es zweckmäßig erscheinen, die Bedingungen der Flugkoksbildung näher zu untersuchen.

Wenn ein ruhendes Korn von der Gasströmung entgegen seiner Schwere getragen werden soll, muß die gesamte Reibungskraft, welche auf die Oberfläche ausgeübt wird, der Schwerkraft das Gleichgewicht halten. Bezeichnet W diese Reibungskraft, G das Korngewicht, so lautet die Grenzbedingung:

$$W = G.$$

Für $W > G$ wird das Korn vom Gas mitgenommen, für $W < G$ bleibt es liegen. Der Überschuß, um den W größer ist als G, wird in Beschleunigungsarbeit umgesetzt, bis das Korn eine Geschwindigkeit erreicht hat, welche der Bedingung $W = G$ wieder genügt. Diese Bedingung gilt jedoch nur, so lange W und G in einer Richtung einander entgegenwirken. Weicht W um den $\sphericalangle\,\alpha$ von der Vertikalen ab, so lautet die Bedingung für Heben des Kornes $W \cos\alpha > G$. Dagegen entsteht nun eine Horizontalkomponente $W\cdot\sin\alpha$, welcher bei liegendem Korn die Reibungskraft, bei schwebendem Korn überhaupt keine Gegenkraft entgegenwirkt. Wird durch Nachrutschen der Kohle zufällig die Reibungskraft aufgehoben, so fliegt das Korn in den Verbrennungsraum und wird nach oben getragen, wenn $W\cdot\cos\alpha > G$. Bei $W\cdot\cos\alpha < G$ fällt es in einer Wurfparabel gegen den Planrost. Ist es dort so weit abgebrannt, daß der Gleichung $W\cdot\cos\alpha > G$ genügt wird, so wird es vom Gas wieder hochgetragen.

Um nun den Wert W berechnen zu können, müssen bestimmt werden:

die Zähigkeit des Gases (kg sec/m²) nach der Formel

$$10^6\cdot\eta = 1{,}712\cdot\sqrt{1 + 0{,}003665\cdot t}\cdot(1 + 0{,}00080\cdot t)^2. \qquad (25)$$

Der Wert ist in Abb. 24 für Rauchgastemperaturen bis 1500° C eingetragen.

$\varrho = \frac{\gamma}{g}$, die Dichte des Gases (kg·sec²/m⁴), unter der Annahme, daß $\gamma = 1{,}30$ kg/m³ bei 0° und 760 mm Hg sei, ist ebenfalls aus Abb. 24 zu entnehmen.

Daraus folgt die kinematische Zähigkeit

$$\nu = \frac{\eta}{\varrho}\,(\mathrm{m^2/sec}), \qquad (26)$$

wie in Abb. 24 eingetragen.

Nimmt man das Korn als Kugel vom Durchmesser d an, so berechnet sich c, die Widerstandsziffer, bezogen auf den Meridiankreis F:

$$c = \frac{24\cdot\nu}{v\cdot d}\cdot\left(1 + \frac{3\cdot v\cdot d}{16\cdot\nu}\right); \qquad (27)$$

wenn v die angenommene Geschwindigkeit ist.

Dieses c ergibt sich bis auf mehrere Dezimalen als eine Konstante

$$c = 4{,}465\,.$$

Rechnet man noch den Staudruck

$$q = \frac{\varrho}{2} \cdot v^2 \,(\mathrm{kg/m^2})\,, \tag{28}$$

so erhält man die auf der rechten Seite von Abb. 25 dargestellten Werte. Mit Hilfe dieser kann nun W nach der Formel

$$W = c \cdot q \cdot F \cdot \mathrm{kg} \tag{29}$$

als der Gesamtwiderstand berechnet werden. Diesen Teil zeigt die linke Seite von Abb. 25.

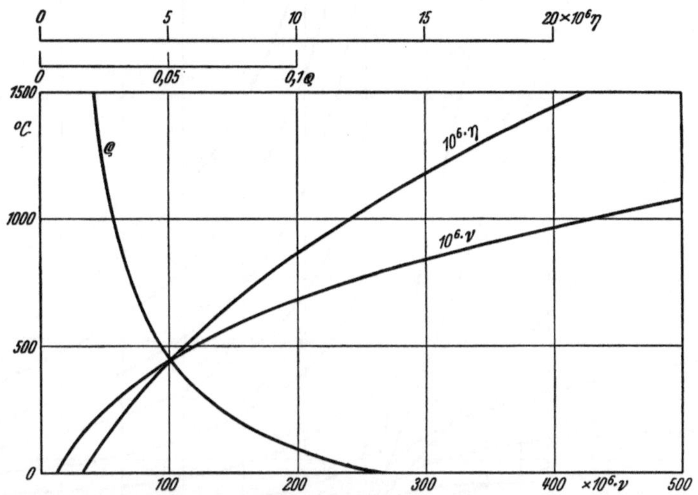

Abb. 24. Zähigkeit, Dichte und kinematische Zähigkeit von Rauchgasen.

Rechnet man das Volumen der Kugel mal dem spezifischen Gewicht γ des Materials, so erhält man das Korngewicht und kann die Kurven gleicher spezifischer Gewichte einzeichnen.

Es bleiben nun noch die spezifischen Gewichte des Flugkoks zu bestimmen. Die Hütte gibt an für Steinkohlenkoks $\gamma = 1{,}4$ kg/dm³, für Holzkohle 0,4 kg/dm³. Für Braunkohlenflugkoks wurde es experimentell zu $\gamma = 0{,}4$ kg/dm³ bestimmt.

Betrachten wir das eingezeichnete Beispiel in Abb. 25, so wäre bei einer Feuergastemperatur von 800° C und $v = 13$ m/sec $q \cong 3$ kg/m² und bei einem Durchmesser der Kugel von $d = \frac{1}{2}$ mm der Widerstand $\cong$ 0,25 g. Wäre das ein Korn Braunkohlenflugkoks von $\gamma = 0{,}4$, so würde es vom Zug hochgetragen, denn sein Gewicht beträgt nur, wie der Schnittpunkt für $d = \frac{1}{2}$ mit der Kurve $\gamma = 0{,}4$ zeigt, 0,025 g.

Berücksichtigt man, daß Flugkoks besonders bei Braunkohle oft stark von der Kugelform abweicht, also größeren Stauquerschnitt bietet, so erscheinen die gegebenen Zahlen als untere Grenze der Korngröße.

Bei lignitischer Kohle wird man auch noch 5—8 mm lange Späne im Flugkoks finden können.

Welche Forderungen sind nun zu stellen, um bei Braunkohle die Flugkoksbildung einzuschränken? Da ist zuerst die Aufbereitung. Kohle zu verfeuern, die keine kleine Körnung enthält und die auch im Feuer nicht zerfällt, ist die einfachste Forderung. Durch entsprechendes Einstellen der Bagger und der Brecher läßt sich da oft nachhelfen. Viele Werke, die auf der Braunkohle liegen, müssen jedoch feine Kohle mit verfeuern. Dann muß der Feuerraum so ausgebildet werden,

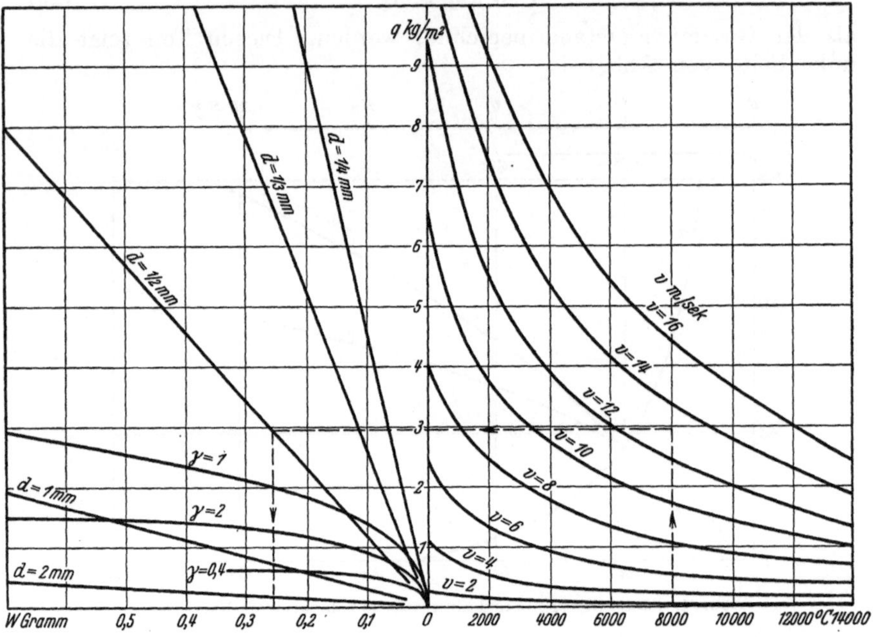

Abb. 25. Zugwiderstand von Flugkokskörnern.

daß sich in ihm ein Sperrquerschnitt befindet, durch welchen die Gase mit weniger als 4 m/sec Geschwindigkeit senkrecht nach oben treten, so daß Flugkoksteilchen dort infolge zu geringer Geschwindigkeit so lange zurückfallen, bis sie auf ein zulässiges Maß von unter ½ mm Durchmesser abgebrannt sind. Da das Gewicht des Kornes mit der dritten Potenz des Durchmessers abnimmt, läßt sich durch Einhaltung dieser Forderung schon viel erreichen. Dabei ist nicht gesagt, daß die Abstrahlungsöffnung größer werden muß, wenn der erforderliche Sperrquerschnitt zwischen ihr und dem Rost vorhanden ist. In diesem Sperrquerschnitt muß jedoch an allen Stellen die gleiche Gasgeschwindigkeit herrschen, sonst wäre sein Wert nur beschränkt.

Bei Beurteilung der Ergebnisse ist noch zu berücksichtigen, daß die Kokskörner im Zustande der Verbrennung sind. Es kann vielleicht um jedes Korn eine Hülle von unverbranntem Gas mit größerer Zähigkeit sitzen, welche den Zugwiderstand noch vergrößert und dadurch die Korngrenze für das Mitreißen erhöht.

Die vorstehenden Ausführungen sollten zeigen, wie notwendig es ist, auch dem Treppenrost, und sogar diesem ganz besonders, die gleichen Forderungen in Bezug auf richtige und gleichmäßige Beschaffenheit der Kohle zuzubilligen, die man bei jedem anderen Rost als selbstverständlich ansieht. Nachdem die theoretischen Grundlagen der Feuerung, soweit zugänglich, geklärt sind, soll im anschließenden Kapitel besprochen werden, auf welchen Wegen die Praxis versucht hat, dieselben zu verwirklichen.

2. Ausführungsformen.

Einen Halbgas-Treppenrost der Deutschen Babcock- und Wilcox-Dampfkesselwerke A.-G. in Oberhausen Rhld., Baujahr um 1921, stellt Abb. 15 dar. Er besteht aus Vortrockenrost, Brennrost und Ausbrennrost. Die Rostbreite ist in mehrere Plattenreihen unterteilt. Die Rostwangen, welche zwischen den Platten liegen und diese tragen, sind mit dem oberen hakenförmigen Ende in einen Rostbalken eingehängt und durch eine verschraubte, durchlaufende Verbindungsplatte im richtigen Abstand gehalten. Mit dem unteren Ende liegen sie in kurzen Pfannen, welche ebenfalls den Wangenabstand festhalten. Unter dem Stützbalken des Brennrostes ist noch eine besondere Schürvorrichtung eingebaut, bestehend aus einzelnen Platten, welche in den Wangen vor- und zurückbewegt werden können, und zwar mit Hilfe der Hebelübersetzung auf das Antriebsgestänge derart, daß die unteren Platten einen größeren Vorschub haben als die oberen. Man will mit dieser Vorrichtung das Überstürzen der Roste verhindern und die Stärke der Brennstoffschicht im unteren Teile des Rostes beeinflussen können. Außer dieser Vorrichtung sind noch zwischen ihr und dem Brennrost Schürplatten eingebaut, welche ebenfalls durch Gestänge vor- und zurückbewegt werden können und die dazu dienen sollen, beim Feuerreinigen das Nachrutschen der Schicht zu verhindern. Auch wenn der Rost zu dünn liegt, soll es mit ihrer Hilfe möglich sein, die Kohle zum Nachrutschen zu bringen. Der Ausbrennrost ist als Planrost mit einlegbaren Roststäben ausgebildet. Die Aufgabe der unter dem Planrost liegenden Schleusenschieber ist schon erwähnt worden. Um die Rostneigung zu verändern, wird der obere Tragbalken des Brennrostes, der im Mauerwerk in Schlitzführungen geht, mit Druckschrauben gehoben. Es empfiehlt sich, diese Schrauben recht kräftig zu machen und mit flachgängigem Gewinde zu versehen, da das Withworth- bzw. Gasgewinde leicht festbrennt und der Rost dann mit der Winde angehoben und unterlegt werden muß.

Das Kohlenwehr, welches die Schichtstärke regelt, besteht aus einem gußeisernen, luftgekühlten Balken, der von oben mit Hilfe von Gewindespindeln verstellt werden kann. Um einen Schutz der Kühlluftrohre, als welche auch die Gewindespindeln mit verwendet werden, zu erreichen, hat man den Wehrbalken mit feuerfesten Steinen aufgegemauert, so daß der Vortrockenraum durch eine Chamottewand, welche nur einzelne Öffnungen für den Abzug der Schwelgase hat, von dem Brennraum getrennt ist. Vor dem Wehr sitzt noch ein Zündbogen aus feuerfestem Mauerwerk, der ebenfalls bis zum Feuergewölbe ausgemauert und mit Öffnungen für die Schwelgase versehen ist. Vom Feuerraum her kann also der Vortrockenschacht nicht allzuviel Wärme bekommen. Durch die Kühlschlitze des Wehres werden schon beträchtliche Mengen Sekundärluft eingeführt. Wenn diese zur vollständigen Verbrennung nicht genügen, so gestatten noch Klappen in der Feuer-

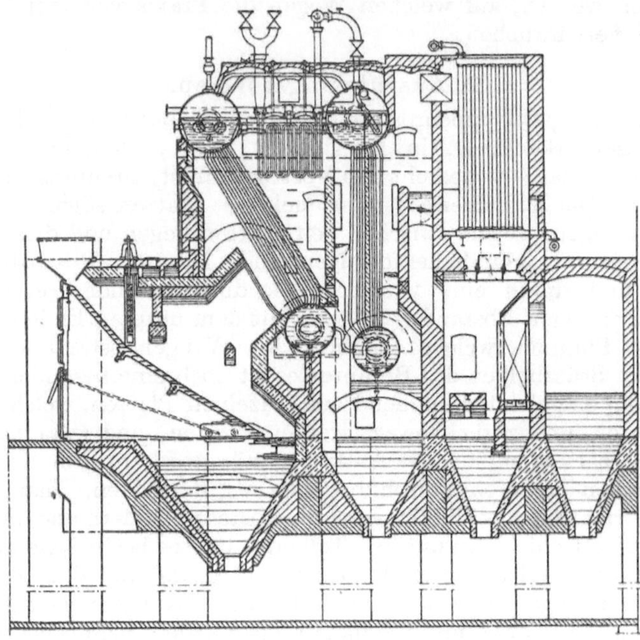

Abb. 26. Treppenrostfeuerung der Fa. Keilmann & Völcker *(6)*.

decke die Zugabe von Sekundärluft. Auch kann durch einen im Mauerwerk liegenden Kanal Sekundärluft über dem Planrost eingeführt werden. Bei der Zugabe von Sekundärluft muß man sich klar sein, ob der Luftmangel vom Planrost oder vom Vortrockenschacht kommt, um die richtige Klappe öffnen zu können. Der Kohlentrichter kann durch eingebaute gußeiserne Plattenschieber abgeschlossen werden.

Eine andere Ausführung aus den Jahren vor 1921, von der Firma Keilmann & Völcker, G. m. b. H., Bernburg an der Saale, gebaut, zeigt Abb. 26. Der Brennrost ist noch einmal unterteilt, so daß die beiden Teile auch in verschiedene Neigungen eingestellt werden können. Die Einstellung geschieht hier mit kräftigen Schloßschrauben, welche jedoch so mit Zapfen in den Tragbalken eingesetzt sind, daß sie ihn nur drücken können. Der untere Brennrost stützt sich wieder auf einen kräftigen Tragbalken. Unter diesem ist ein besonderer, durch Gestänge ein- und ausziehbarer Schürwagen eingebaut. Der Wagen besteht aus

Seiten- und Zwischenwagen, die oben und unten durch durchgehende Platten verbunden sind; die übrigen Platten sind normale Rostplatten. Der Wagen trägt Rollen, welche auf Schienen auf dem gußeisernen Feuergeschränk laufen. Durch Vorschieben kann der Druck der Kohlenschicht zum Feuerreinigen abgefangen werden. Auch kann damit die Stärke der Schicht auf dem Wagen eingestellt und durch wiederholtes Bewegen der Rost stärker gedeckt werden. Der Planrost ist geteilt ausgeführt und besteht aus einem oberen Schieber, der die Kohlenschicht abstützen soll und nur etwa bis zur Hälfte der freien Öffnung reicht und einem unteren, der beim Abschlacken aufgezogen wird. Im übrigen ist der Rost und seine Wirkungsweise dem vorher beschriebenen ähnlich.

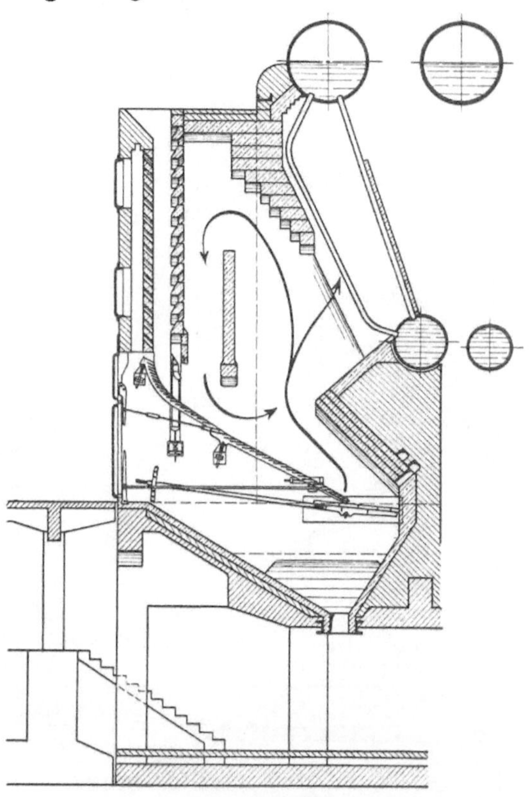

Abb. 27. Hochleistungs-Treppenrostfeuerung mit Gasrückführung und Schwadenabführung der Firma Keilmann & Völcker (7).

Da mit Rücksicht auf die Stärke der Rostbalken die Rostbreite nicht zu groß genommen werden kann, muß man bei den meisten Kesseln mehrere Roste nebeneinander legen, die durch Zwischenwände aus feuerfestem Mauerwerk getrennt werden. Die Zwischenwände tragen nicht nur das Rostgewicht, sondern auch die Feuergewölbe und sind wegen der Rückstrahlung auf die Brennstoffschicht gar nicht unerwünscht.

Interessant ist es, damit die neueren Bauarten zu vergleichen, welche die Firma Keilmann & Völcker nach dem Jahre 1920 entwickelt hat. Davon zeigt Abb. 27 eine der ersten Ausführungen. Der Vortrockenschacht ist vertikal gestellt und so weit verlängert, als es die Bauhöhe des Kessels gestattet. Man erhielt auf diese Weise einen größeren Feuerraum, der durch den längeren Aufenthalt der Gase in diesem Raum auf höhere Temperatur kommt und in Rückwirkung auf den Rost einen größeren Kohlendurchsatz ermöglicht. Um die Wirtschaftlichkeit zu steigern, hat K. & V. versucht, den ersten Teil der Trocknung von der Vergasung zu trennen und die Wasserdämpfe direkt zum Fuchs abzuführen, womit natürlich eine bedeutende Erhöhung der Feuerraumtemperaturen erzielt werden könnte. Die erzielbaren Wärmegewinne würden dieses Verfahren ohne weiteres rechtfertigen. Wenn jedoch aus irgendeinem Grunde die Trennung von Trocknung und Vergasung nicht mehr aufrecht erhalten werden kann, so werden mit den Wasserdämpfen Schwelgase zum Fuchs abgeführt und der Wärmeverlust kann den erzielbaren Wärmegewinn weit überwiegen.

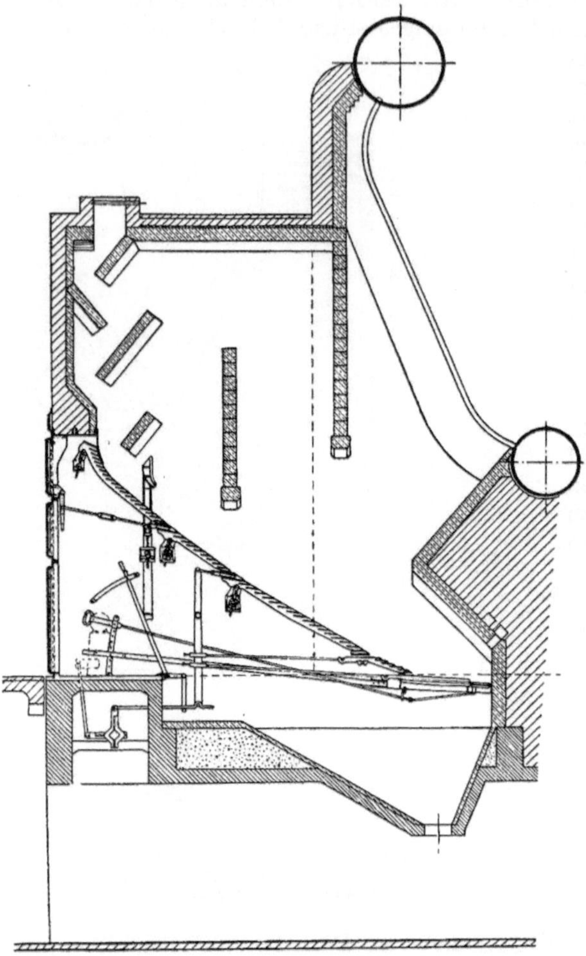

Abb. 28. Hochleistungs-Treppenrostfeuerung mit Gasrückführung der Firma Keilmann & Völcker *(8)*.

Eine erst nach 1922 entwickelte neue Feuerung der Fa. Keilmann & Völcker bringt Abb. 28. Der Vortrockenschacht wird aus einzelnen Chamottegewölben gebildet, über welche die Kohle unter dem Böschungswinkel abrutscht. Der Rost selbst ist nur wenig verändert. Durch Einbau entsprechender Lenkwände ist es gelungen, einen Teil der Rauchgase an den Vortrockenschacht zurückzuführen, wodurch die Rostleistung gesteigert wird.

Der Rost weist einige neue Einzelheiten auf. Durch die Erhöhung des Feuerraumes ist es unmöglich geworden, das Wehr von oben zu verstellen, man mußte zum Antrieb von unten greifen und erreichte damit gleichzeitig, daß der Vortrockenschacht nicht mehr vom Feuerraum abgeschlossen ist. Um den Rost bei jeder Neigung mit der richtigen Schichtstärke bedecken zu können und dabei das Herausschlagen der Flammen zu vermeiden, sind kurz unter dem Wehr Schieber eingebaut, die schon etwas an die Kolben der Unterschubfeuerungen erinnern. Diese Schieber werden von Hand bedient, können aber auch mechanisch angetrieben werden. Der Schürwagen ist ebenfalls mit Gestängen versehen, mit denen er nach Bedarf an einen mechanischen Antrieb angehängt werden kann. Die Ausbildung des Planrostes als Doppelschieber ist beibehalten, doch kann der ganze Planrostrahmen geneigt werden. Dadurch wird die vom Planrost zu entwickelnde Reibungskraft geändert und der Planrost kann mehr oder weniger bedeckt werden. Die Luftschleusen, auf deren beschränkte Verwendbarkeit schon früher hingewiesen wurde, sind in Fortfall gekommen.

3. Betriebsergebnisse.

Wie schon eingangs erwähnt, besteht vielfach die Ansicht, daß der einfache Treppenrost ebenso einfach zu bedienen sei. Doch das stimmt nur, wenn den Erfordernissen des Brennstoffes weitgehend Rechnung getragen wird. Im anderen Falle wird die Bedienung des Rostes für den Heizer zur Qual. Es ist selbstverständlich, daß Hohlbrennen, wie bei jeder anderen Feuerung, vermieden werden muß. Ein Treppenrost, auch wenn er richtig eingestellt ist, deckt von selbst nur bis zu einem gewissen Mindestzug. Unter diesem tritt Hohlbrennen ein, dem der Heizer mit dem gewöhnlichen Schürgerät fast machtlos gegenübersteht. Man fährt, wenn der Zug stark verändert wird (z. B. bei automatischer Regulierung) am besten mit dicker Schicht, welche doch noch eine annehmbare Zugveränderung zuläßt. Bei Handbetrieb hilft man sich meist dadurch, daß man bei einem Kessel den Zug dämpft und die Feuertüren zulegt. Der verbleibende Unterdruck setzt sich nun außerhalb des Rostes fort und liegt auf den Feuertüren. Wenn die Rauchgasklappen nicht genügend dicht halten, so kann durch undichtes Mauerwerk, schlecht schließende Türen oder offene Sekundärluftklappen viel falsche Luft eingesaugt werden, welche hohe Wärmeverluste bedingt.

Das Feuerreinigen geschieht bei Kesselbatterien so, daß ein entbehrlicher Kessel, womöglich in Belastungspausen, im Zug gedämpft und die Schlacke abgelassen wird. Es wird wenigstens einmal im Tag notwendig sein, auch den unteren Teil des Rostes von anhängenden Schlakken zu reinigen. Das Feuerreinigen bei vollem Zug ist nicht zu empfehlen, weil der Feuerraum plötzlich abkühlt und die Kesselleistung stark zurückgeht. Da das Feuerreinigen bei größeren Kesselbetrieben in die Belastungspausen zusammengedrängt werden muß, wird dadurch die erforderliche Heizerzahl bestimmt. Ein Heizer kann bei nicht gesiebter Förderkohle in einer Stunde höchstens 12—15 Roste reinigen. Je nach der Kesselgröße wird daher in diesem Falle ein Heizer für 3—4 Kessel erforderlich sein. Feuerdienst und Wasserdienst sind in größeren Braunkohlenkesselhäusern fast immer getrennt. Ein Kesselwärter kann dann den Wasserdienst für ein ganzes Kesselhaus versehen.

Das Anheizen der Braunkohlenkessel erfordert viel Wärme, weil große Mauerwerksmassen vorhanden sind. Soll der Kessel wegen mangelnder Belastung bei Nacht stillgelegt werden, so ist es notwendig, die mehreren Tonnen Kohlen, die noch auf den Rosten liegen, abbrennen zu lassen. Sobald der Druck der Kohle in den Lutten nachläßt, deckt der

Rost nicht mehr und der ganze Rostbelag kann nur mit sehr herabgesetztem Wirkungsgrad verfeuert werden. Wenn dann noch, wie dies bei großen Kesseln häufiger auftritt, die Rauchgasklappen nicht dicht halten, so ist der Kessel bis zum Wiederanheizen stark abgekühlt. Die Verluste durch falschen Zug sind deshalb so groß, weil Braunkohlenkessel meistens an Schornsteinen liegen, welche zur Erzielung von natürlichem Zug berechnet sind. Der volle Unterdruck liegt also während der ganzen Pause auf den Klappen und saugt falsche Luft an. Man zieht es daher in manchen Fällen vor, die Kohlen angestellt zu lassen und die Kessel nur stark zu dämpfen, so daß der Kessel auf Temperatur bleibt und noch eine geringe Dampfleistung abgibt. Dagegen kann eingewendet werden, daß die Verdampfung bei schlechter Aufsicht aufhört und der Kessel rückwärts Heißdampf aus der Sammelleitung bekommt, was Spannungen im Material und Undichtigkeiten verursacht. Bei einiger Aufmerksamkeit kann das vermieden werden. — Natürlich ist dieses Dämpfen der Kessel nur möglich, wenn auch während der Pause noch Dampf abgenommen wird und wenn die Kessel unter Aufsicht bleiben. Diese ist besonders notwendig, weil bei der geringen Verdampfung auch die Hannemannregler nicht dicht genug schließen und den Kessel überspeisen können. Die Betriebsweise hat jedoch andererseits den Vorteil, daß man am Morgen zur Aufnahme der Belastung warme Kessel zur Verfügung hat, die rasch auf Leistung kommen.

Die Zugabe von Sekundärluft ist eine Maßnahme, die ebensoviel Schaden wie Nutzen bringen kann. Bei Braunkohlenkesseln mit mehreren Feuerungen können nur die äußeren Feuerungen durch Schaulöcher richtig beobachtet werden. Die inneren werden dann meist vernachlässigt. Auch wenn der Kessel gut mit Meßinstrumenten ausgerüstet ist, werden gewöhnlich nur Gasproben aus der äußeren Zone des Rauchgasstromes untersucht, welche keinen Rückschluß auf den Gang der inneren Feuerungen zulassen. Ich habe mir daher angewöhnt, die Feuerführung nach dem Aussehen der Flamme vor der ersten Rohrreihe zu beurteilen. An dieser Stelle sind fast an jedem Kessel Schaulöcher, von welchen aus man den Gasstrom aller Feuerungen sehen kann. Wenn eine Feuerung noch leuchtende Flammen bis zu den Rohren schickt, so führen die Rauchgase bestimmt noch unverbrannte Gase. Eine mäßige Zugabe von Sekundärluft wird diese Flammenbildungen verhindern. Die Beobachtung auf Luftüberschuß ist von dieser Stelle aus nur schwer möglich, man kann diesen besser nach dem Aussehen des Grundfeuers auf dem Treppenrost beurteilen. Wenn auf den unteren Stufen die Glut ins Dunkelrote übergeht oder wenn der Planrost flackerndes Licht durchläßt, so zieht an diesen Stellen soviel Luft durch, daß sie die brennende Kohle gar nicht mehr zu Kirschrotglut kommen läßt. Der Sprung zum Hohlbrennen ist hier nicht mehr groß. Oft kann man schon zwischen einzelnen Kohlenstücken in die hellen Flammen sehen.

Die verschiedenen Mängel, die beim Betrieb eines Treppenrostes auftreten können, sind:

1. Zu dicke Kohlenschicht auf dem Rost. Sie ist zu erkennen an einem guten und gleichmäßigen hellen Grundfeuer und hat keine Nach-

teile, solange bei richtiger Rostneigung genügend Planrostfläche freibleibt. Zur Erreichung der Normalleistung ist bereits ein hoher Unterdruck im Feuerraum erforderlich. Bei Steigerung des Zuges liefert nur der Planrost mehr Luft, die Luftverteilung im Feuerraum ist falsch, die Kohlensäure sinkt, während die Kesselleistung nur wenig zunimmt. Durch Senken des Kohlenwehres kann die Schichtstärke verringert werden.

2. Zu dünne Schicht ist besonders gefährlich bei gemischter Kohle, weil die kleinen Teilchen auf den Planrost geworfen werden und diesen zulegen. Sie ist zu erkennen an einem eigentümlichen Flackern des Grundfeuers. Manche Stellen wechseln oft rasch zwischen orange und dunkelrot, wenn dort zuviel Luft durchgeht. Da der Rost auf der Vergasungsseite in der Nähe des Wehres zuviel Luft bekommt, ist die Gasmischung schlecht, es trifft oft Nachverbrennung im Überhitzer ein, welche die Überhitzung hochtreibt und sehr hohe Kohlensäure am Kesselende ergibt. Bei geringem Unterdruck im Feuerraum ist schon eine hohe Kesselleistung zu erreichen. Eine Herabsetzung derselben durch Zugverminderung ist kaum möglich, da dann der Rost an verschiedenen Stellen, oft in der Mitte, hohlbrennt. Die Schichtstärke kann durch Höherstellen des Kohlenwehres verstärkt werden.

3. Zu geringe Rostneigung läßt die Schicht bei normaler Schichtstärke nicht bis zum Planrost reichen. Um die Schicht so weit auszudehnen, muß man am Wehr hohe Schichtstärke geben. Der Rost brennt hauptsächlich in seinem unteren Teil und zeigt dort die unter 2. genannten Merkmale zu dünner Schicht. Bei Zugverminderung brennt der Rost hohl und ist auch mit Schürgeräten nicht mehr voll zu halten. Die Kohle rutscht in großen Zwischenräumen plötzlich stark nach, wobei häufig das Grundfeuer zerstört wird. Dies rührt daher, daß die Kohlenschicht auf dem Rost von selbst gar nicht rutschen kann. Sie brennt soweit ab, bis ihre Oberfläche den Böschungswinkel erreicht hat, dann kommt diese plötzlich ins Rollen und reißt die ganze Schicht mit. Höherlegen des Rostes bringt Abhilfe.

4. Zu steile Rostlage ergibt stärkere Schicht am Planrost als am Wehr. Der Planrost bringt nicht genügend Luft, die Kesselleistung geht zurück. Zieht der Planrost noch Luft, so brennt die Schicht dort etwas ab, um kurz darauf einer neuen Überschüttung zu erliegen. Verminderung der Schichtstärke bringt nur schwachen Erfolg. Flachlegen des Rostes ist die einzige Hilfe. Durch Erhöhen des Zuges, um die stark gesunkene Leistung zu heben, wird man in den meisten Fällen gerade das Gegenteil erreichen.

Die Fälle 3. und 4. kommen besonders bei starkem Kohlenwechsel vor, der über die Toleranz der Rostneigung hinausgeht. Beim Verstellen der Rostneigung im Betrieb ist vorsichtig zu verfahren, da leicht Überstürzungen mit starkem Herausschlagen der Flammen eintreten können.

5. Aussortieren der Kohle. Es kann verursacht werden durch Bänder, Abstreifer, Schurren, Lutten, Verteiler, Hindernisse usw. Wenn ein Rost schlechtere Kohle bekommt als der andere, ist ein Ausgleich durch entsprechendes Einstellen der Rostneigung und der Schichtstärke möglich. Der Betrieb ist dann möglichst auf gleichen Unterdruck in

allen Feuerräumen zu führen. Das wird möglich sein, wenn man die Roste, welche gröbere Kohle bekommen, mit dickerer Schicht fährt.

Tritt dagegen die Aussortierung noch innerhalb einer Feuerung

Zahlentafel 6. Versuche an

Angaben: Steilrohrkessel Bauart Hanomag, 2 Ober- und 2 Untertrommeln, Gußeiserner Kesselheizfläche 650 m². Überhitzerheizfläche 220 m². Vorwärmerheizfläche 416 m². Neigung der Brennroste: 1: 30°, 2: 30°, 3: 30°, 4: 30°.

Sp.	Nummer des Versuches	Nr.	1	2
1	Tag des Versuches	Dat	10. 3. 1927	11. 3. 1927
2	Dauer des Versuches	Std	8	6
3	Oberer Heizwert der Kohle H_o	kcal	2466	2415
4	Unterer Heizwert der Kohle H_u	kcal	2013	1975
5	Gehalt der Kohle an: Wasser	%	60,23	59,85
6	Asche	%	2,37	2,52
7	Brennbarem	%	37,40	37,63
8	Gesamte verfeuerte Kohlenmenge	kg	70000	18860
9	Gesamte verdampfte Wassermenge	kg	149000	30700
10	Auf 1 m² Heizfl. und Stunde verdampft.	kg/m²/h	28,65	7.86
11	dasselbe, bezogen auf Normaldampf 640 kcal	kg/m²/h	32,40	8,40
12	Auf 1 m² Rostfläche u. Stunde verf. Kohle.	kg/m²/h	195	71
13	Verdampfungsziffer	kg/kg	2,13	1,63
14	dasselbe, bezogen auf Normaldampf 640 kcal	kg/kg	2,40	1,74
15	Temperatur der Verbrennungsluft	°C	15	10
16	Wassertemperatur am Vorwärmereintritt	°C	40	52
17	Wassertemperatur am Vorwärmeraustritt	°C	120	120
18	Dampfdruck am Kessel	atü	14,75	14,25
19	Dampfdruck an der Heißdampfentnahme	atü	14,25	14,25
20	Dampftemperatur an der Heißdampfentn.	°C	370	320
21	Dampftemperatur am Überhitzeraustritt	°C	385	340
22	Rauchgastemperatur am Kesselende	°C	367	252
23	Rauchgastemperatur am Vorwärmerende	°C	257	194
24	Rauchgase am Kesselende: CO_2	%	13	6
25	$CO + H_2$	%	0,1	0,6
26	Zugstärke im Feuerraum	mm	9	10
27	am Kesselende	mm	13	10
28	Siebprobe der Kohle: 0—10 mm	%	20	25
29	10—20 mm	%	15	29
30	20—40 mm	%	18	20
31	40—80 mm	%	35	26
32	üb. 80 mm	%	12	0
33	Wärmeinhalt des Dampfes am Überhitzeraustritt	kcal	770	748
34	Wärmeinhalt des Dampfes an der Dampfentnahme	kcal	762,5	737
35	Wärmeinhalt des Wassers am Vorwärmeraustritt	kcal	120,5	120,5
36	Wärmeinhalt des Dampfes am Vorwärmereintritt	kcal	40	52
37	Je kg Wasser aufgenommen im Vorwärmer	kcal	80,5	68,5
38	im Kessel	kcal	540	537,5
39	im Überhitzer	kcal	102	79
40	insgesamt	kcal	722,5	685
41	Feuertüren		offen	geschlossen
42	Sekundärluft am Planrost		offen	geschlossen
43	Sekundärluft am Kohlenwehr		offen	geschlossen
44	Kennziffer Z	cm⁻¹	3,38	4,32

auf, daß z. B. die linke Rosthälfte feine und der rechte grobe Kohle bekommt, so muß unbedingt die Ursache der Aussortierung gesucht und beseitigt werden.

einer Treppenrostfeuerung.

Glattrohreconomiser, Treppenrostfeuerung Keilmann & Völcker, 4 × 1,85 m breit
Rostfläche 44,4 m². Trockenrost + Brennrost. Feuerraum 75 m³.
Schichtstärke am Wehr: 1: 200, 2: 200, 3: 275, 4: 275 mm.

3	4	5	6	7	8
11. 3. 1927	11. 3. 1927	12. 3. 1927	19. 3. 1927	22. 3. 1927	23. 3. 1927
6	9	7	6	5	7
2415	2415	2419	2488	2507	2473
1975	1975	1963	2038	2070	2030
59,85	59,85	60,15	58,72	59,34	59,13
2,52	2,52	2,14	3,05	2,01	1,99
37,63	37,63	37,71	38,23	38,55	38,88
62 100	66 200	42 800	12 500	16 000	28 180
119 800	143 550	94 550	21 780	30 700	60 400
30,70	24,55	20,75	5,58	9,44	13,27
34,15	27,10	22,75	5,82	10,10	14,00
233	166	138	47	72	91
1,93	2,17	2,21	1,74	1,92	2,14
2,15	2,40	2,43	1,82	2,05	2,26
15	15	15	15	15	15
43	44	50	56	60	64
108	108	100	140	110	95
14,75	14,75	14,50	14,25	14,35	14,50
14,25	14,25	14,25	14,25	14,25	14,25
357	350	347	300	330	320
367	367	360	325	360	350
360	335	314	240	265	255
230	240	222	180	187	175
11,5	12,5	12,5	4,5	7,5	8,7
1,5	0,2	0,1	0,7	0,3	0,2
20	10	10	10	15	15
26	14	13	10	15	16
25	25	26	25	22	28
29	29	20	15	22	18
20	20	17	17	23	12
26	26	37	43	33	42
0	0	0	0	0	0
761	761	757,5	740	757,5	752,5
756	752	751	725	743	737,5
108,4	108,4	100,4	141	110,7	95
43	44	50	56	60	64
65,4	64,4	50,4	85	50,7	31
554,6	550,6	561,1	512	542,8	558,0
93	93	89,5	72	89,5	84,5
713	708	701	669	683	673,5
offen	offen	offen	geschlossen	geschlossen	geschlossen
geschlossen	geschlossen	geschlossen	geschlossen	geschlossen	geschlossen
geschlossen	geschlossen	geschlossen	geschlossen	geschlossen	geschlossen
4,32	4,32	4,11	3,87	3,87	4,18

Zahlentafel 6. Versuche an

Sp.	Nummer des Versuches	Nr.	1		2	
45	Bezogen auf oberen und unteren Heizwert		H_o	H_u	H_o	H_u
46	Erzeugte Wärmemenge je 1 m² Rostfläche .	kcal/m²/h	480000	393000	171000	139000
47	je 1 m³ Feuerraum .	kcal/m³/h	284000	232000	101000	82000
48	Je kg Wasser erzeugte Wärme aus Kohle . .	kcal	1160	945	1485	1212
49	Bilanz Spalte 54 + 58	%	100	100	100	100
50	Verlust durch fühlbare Wärme d. Abgase . .	%	14,65	17,95	21,05	25,80
51	Unverbranntes in d. Abgasen .	%	0,35	0,50	5,20	6,35
52	Verdampfungswärme.	%	18,30	—	18,20	—
53	Restglied f. Strahlung u. Ltg. u. Unverbranntes	%	4,35	5,15	9,50	11,25
54	Gesamtverluste: Spalte 50 + 51 + 52 + 53.	%	37,65	23,60	53,95	43,40
55	Nutzbar gemacht im Vorwärmer	%	6,95	8,50	4,60	5,67
56	im Kessel.	%	46,60	57,10	36,10	44,40
57	im Überhitzer.	%	8,80	10,80	5,35	6,53
58	Gesamtwirkungsgrad: Spalte 55 + 56 + 57 .	%	62,35	76,40	46,05	56,60

Die Haltbarkeit der Feuerungen ist, bei richtiger Bemessung, sehr groß. Die Wangen unterliegen überhaupt fast keinem Verschleiß. Die unteren Tragbalken der Roste biegen sich öfter durch und halten dann den Schürwagen fest. Den größten Verschleiß haben die Feuergeschränke und Planroste, sowie besonders die Rostplatten. Die einfache ebene Rostplatte hat sich ausgezeichnet bewährt. Sie entspricht allen Anforderungen der guten Wärmeabführung, der Festigkeit und der Gießtechnik. Nicht verwechselt werden darf das Durchbiegen der Platten durch Verbrennen oder zu schwache Bauart mit dem Ausbiegen durch Wärmespannungen, wenn die Platten für den Wangenabstand zu lang sind. Bei der Dehnung durch die Erwärmung sind sie gezwungen, sich auszubiegen. Je nach dem Stützpunkt der Platte kann es vorkommen, daß sie sich dabei entgegen der Belastung nach oben durchbiegt.

Das Herausschlagen der Flammen bei Zugerhöhung ist besonders stark bei feiner Kohle. Die mechanischen Mittel, Zusatzschieber usw., haben sich im allgemeinen gut bewährt, insbesondere jene, welche ein großes Kohlenvolumen vorzuschieben gestatten. Ihr Einbau erleichtert dem Heizer bei wechselnder Kohle das Arbeiten außerordentlich. Allerdings vermögen auch die besten Einrichtungen die lästigen Erscheinungen einer zu stark wechselnden Kohle nicht ganz zu unterdrücken.

Eine bedeutende Einwirkung auf das Überstürzen der Roste hat auch der Druck, der vom Bunker aus auf die Kohlenschicht ausgeübt wird. Nimmt man an, daß sich die Kohle im Bunker und Fallrohr nicht staut, so kann bei der öfter vorkommenden Kohlensäule von 10—15 m ein Druck von über 1 atü auf der unteren Kohle liegen. Das hätte noch nichts zu sagen, wenn dieser Druck gleich bleiben und sich nicht durch Stauungen andauernd verändern würde. Man baut deshalb die Fallrohre mit stetiger Erweiterung nach unten, um Brückenbildung zu vermeiden. Wichtiger dürfte es sein, den Druck der Kohle durch Lenkbleche oder schräge Lutten zum größten Teil abzufangen, damit er gar einer Treppenrostfeuerung. (Fortsetzung.)

3		4		5		6		7		8	
H_o	H_u	H_o	H_u	H_o	H_u	H_o	H_u	H_o	H_u	H_o	H_u
563000	460000	402000	328000	334000	280000	117000	95500	181000	149000	225000	185000
333000	272000	238000	194000	197000	165000	69000	56500	107000	88000	133000	109000
1257	1024	1117	911	1097	889	1430	1170	1310	1078	1155	946
100	100	100	100	100	100	100	100	100	100	100	100
15,50	19,00	14,30	17,55	14,20	17,50	23,10	28,20	19,40	23,50	17,00	20,70
6,60	8,10	0,90	1,10	0,45	0,55	7,70	9,40	2,20	2,70	1,50	1,85
18,20	—	18,20	—	18,80	—	18,10	—	17,40	—	17,90	—
2,90	3,30	3,05	3,65	2,50	3,05	4,10	5,15	8,80	10,60	5,20	6,30
43,20	30,40	36,45	22,30	35,95	21,10	53,00	42,75	47,80	36,80	41,60	28,85
5,20	6,40	5,80	7,10	4,60	5,70	5,95	7,30	3,85	4,70	2,70	3,30
44,20	54,10	49,40	60,40	51,30	63,10	36,00	43,80	41,50	50,20	48,40	59,00
7,40	9,10	8,35	10,20	8,15	10,10	5,05	6,15	6,85	8,30	7,30	8,85
56,80	69,60	63,55	77,70	64,05	78,90	47,00	57,25	52,20	63,20	58,40	71,15

nicht bis auf den Rost kommt. Das ist besonders leicht bei einseitigen Kesselhäusern, wo man den Bunkerauslauf bis auf den Kohlentrichter herabziehen kann, weil keine Rücksicht auf Oberlicht genommen zu werden braucht.

Der Hauptgrund für das Herausschlagen der Flamme liegt jedoch in der Beschaffenheit der Kohle. Kohle, welche viel Staub enthält, fängt oft schon bei geringstem Anlaß an, während gute Siebkohlen auch bei falscher Roststellung noch ruhig brennen. Die Mittel, wie durch Anpassung der Rostbauart das Herausschlagen verhindert werden kann, sind bereits angegeben worden.

Eine Reihe von Versuchen, ausgeführt an einem, Abb. 26, ähnlichen Kessel, ist in Zahlentafel 6 zusammengestellt. Die Feuerung war bestellt für normal 28,3 kg/m² Normaldampf bei 79% Wirkungsgrad und maximal 36,35 kg/m² Normaldampf bei 77% Wirkungsgrad. Die Versuche sind, soweit es möglich war, mit verschiedenen Belastungen vorgenommen worden, um eine Wirkungsgradkurve zeichnen zu können. An dem Versuchskessel hielten die Fuchsklappen und die Eco-Austrittsklappen nicht genügend dicht. Um Fehlmessungen am Ecoende durch heiße Gase von der Fuchsklappe zu vermeiden, wurde der Rauchgasverlust für Kesselende bestimmt und der Eco-Wirkungsgrad davon abgezogen. Es entstand dadurch insofern ein Fehler, als der Strahlungs- und Leitungsverlust des Eco als Rauchgasverlust mitgezählt wird. Immerhin schien diese Art der Messung unter den gegebenen Umständen noch als die verläßlichste.

Trägt man sich die gefundenen Werte in Abhängigkeit von der Heizflächenleistung auf, Abb. 29, so fällt auf, daß von der Normalleistung nach beiden Seiten hin der Wirkungsgrad abnimmt, und zwar zum Teil auch durch Verluste an unverbrannten Gasen, die nicht ganz zu vermeiden waren. Rechnet man zu den wirklichen Ergebnissen, welche durch die gestrichelte Kurve verbunden sind und als Betriebswirkungsgrad bezeichnet werden sollen, die Verluste durch brennbare Gase auf, so erhält man die voll gezeichnete Kurve des besten erreichbaren Wirkungsgrades. Die gute Übereinstimmung der Punkte spricht für die Verläßlichkeit der Meßmethode.

Die Abstände für die Siebproben sind nicht willkürlich gewählt, sondern mit Rücksicht auf die leichte Berechnung von Z. Es entspricht

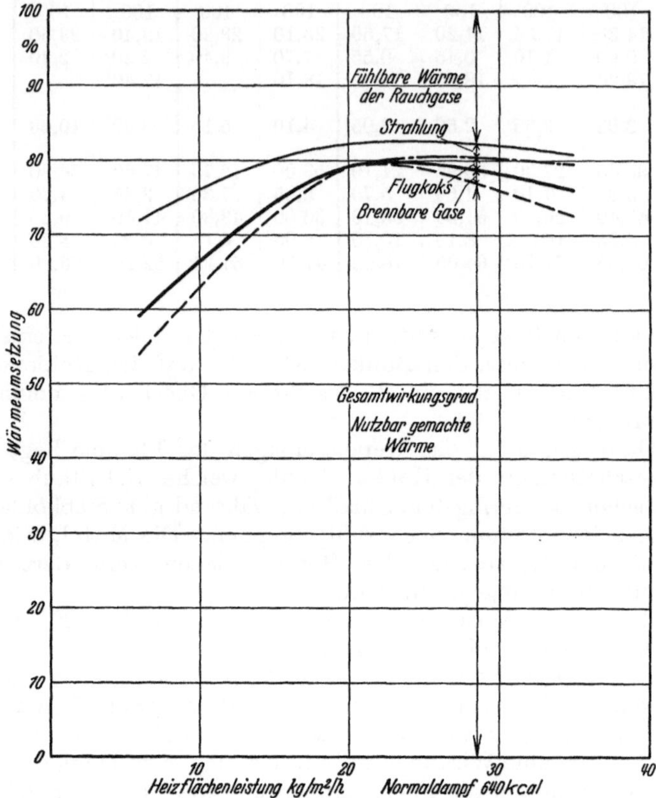

Abb. 29. Wärmebilanz eines Dampfkessels mit Treppenrostfeuerung.

nämlich nach Abb. 18 den Korngrößen eine ganze Zahl für Z, und zwar:

Korngröße	$Z = \frac{O}{V}$ cm^{-1}
0—10 mm	10
10—20 ,,	4
20—40 ,,	2
40—80 ,,	1
über 80 ,,	0,6.

Multipliziert man die gefundenen Prozentgehalte mit diesen Zahlen und addiert die Produkte, so erhält man die Verhältniszahl Z.

V. Mechanische Feuerungen.

1. Der Brennstoff.

Die Mechanisierung einer Feuerung kann auf verschiedene Weise vorgenommen werden. Dem Entwicklungsgang nach hat man erst versucht, Schüttfeuerungen durch mechanischen Antrieb zu verbessern. Um eine Grenze ziehen zu können, soll jede Feuerung, die sich durch das Brennstoffgewicht selbst beschickt oder die durch die Tätigkeit des Heizers beschickt wird, als nicht mechanisch angesehen werden. Dagegen werden alle Feuerungen, welche durch einen kontinuierlich wirkenden mechanischen Antrieb den Rost beschicken oder das Schüttvermögen des Brennstoffes unterstützen, als mechanisch bezeichnet. Da die Schüttfeuerungen die älteren sind, ist es natürlich, daß sich die meisten Ausführungen der mechanischen Bauarten an sie anlehnen.

Im allgemeinen hat man versucht, die Treppenrostform beizubehalten, die Rostneigung jedoch etwas unter dem Rutschwinkel der Kohle zu halten, damit zwar ein großer Teil der Nachschubkraft vom Brennstoffgewicht geleistet, der Restbetrag jedoch von außen regelbar durch mechanische Vorschubvorrichtungen zugesetzt wird.

Der Zweck, der durch die Mechanisierung erreicht werden soll, kann sein:

1. Erhöhung der Durchsatzleistung je 1 m² Rostfläche.
2. Verbesserung des Wirkungsgrades.
3. Erleichterung der Schürarbeit für den Heizer.

In den meisten Fällen wird es sich um Vereinigung mehrerer dieser Vorteile handeln.

Zu 1. Eine Erhöhung der Durchsatzleistung ist deshalb so wichtig, weil dadurch nicht nur an Rostfläche, sondern auch an Kesselbreite und damit an Baukosten gespart werden kann. Die Leistung je 1 m² Rostfläche erhöhen heißt, auf die gleiche Fläche mehr Verbrennungsluft durch den Brennstoff schicken und verbrauchen. Das kann geschehen durch Verringern der Schichthöhe, durch dauernde Umlagerung des Brennstoffes, durch bessere Vortrocknung oder durch Vorwärmung der Verbrennungsluft, durch Unterwind und hohe Feuerraumtemperaturen. Ein Teil dieser Forderungen kann auch beim nichtmechanischen Rost erfüllt werden.

Zu 2. Die Verbesserung des Wirkungsgrades kann sich nur auf eine Verminderung der Abgasverluste durch geringeren Luftüberschuß oder auf Herabsetzung der Flugkoksverluste stützen. Für beide Punkte ist eine möglichst gleichmäßige Durchdringung des Brennstoffes mit der Verbrennungsluft erforderlich.

Zu 3. Bei stark schlackenden Kohlen wird neben Erleichterung der Schürarbeit stets auch einer der anderen Punkte mit ins Gewicht fallen.

Dadurch, daß der mechanische Rost unter dem Rutschwinkel der Kohle steht, ist er von den vielen voneinander abhängigen Bedingungen der Schüttfeuerung befreit. Er wird also gegen Unregelmäßigkeiten in der Körnung unempfindlicher, weil durch Einstellen des Schichtreglers und des Vorschubes die Bedingungen für die richtige Höhe des Unterdruckes im Feuerraum wieder hergestellt werden können. Bei höherer Leistung kann durch Verstärken des Vorschubes der nötige Brennstoff nachgefördert werden, ohne daß die Schichtstärke in der Brennzone zunimmt. Die beim Treppenrost erläuterten Bedingungen für Flugkoksbildung haben auch hier unbedingte Gültigkeit. Verschlakken des Rostes darf bei richtiger Feuerführung nicht eintreten. Der Rost muß die Schlacken bei richtiger Einstellung bis zum Ausbrennrost fördern. Die Rostbewegung muß so sein, daß das Grundfeuer nicht zerstört wird.

Wenn ein mechanisierter Braunkohlenrost neben dem nicht mechanisierten bestehen soll, so muß er vor allem einfach sein. Daß die einfachsten Naturgesetze, wie Wärmedehnung, Dehnung durch Verbrennen, Wärmeableitung und mechanischer Verschleiß beim Entwurf berücksichtigt werden müssen, soll besonders hervorgehoben werden, weil bei manchen Neukonstruktionen doch nicht genügend darauf geachtet wurde. Die Teile, welche einem natürlichen Verschleiß unterliegen, müssen so beschaffen sein, daß sie auch in verschlissenem Zustand noch ohne Störungen in Betrieb gehalten werden können. Ferner ist zu fordern, daß Rostplatten oder Roststäbe im Betrieb ausgewechselt werden können. Wird noch der Antrieb so ausgebildet, daß er an Betriebssicherheit dem eines guten Wanderrostes nicht nachsteht, so wird ein solcher Rost auch gegen die einfachsten nichtmechanischen Roste erfolgreich bestehen können.

Die Berücksichtigung der Eigenschaften des Brennstoffes wird durch die Mechanisierung zum Teil vom Konstrukteur auf den Heizer abgewälzt, so daß zur richtigen Bedienung eines mechanischen Rostes mehr Verständnis und weniger körperliche Arbeit notwendig ist als beim nichtmechanischen Rost. Der Antrieb kann, wenn er nicht genügend durchgebildet ist, eine Quelle dauernder Störungen sein. Und noch eine Bedingung stellt der Rost an den Konstrukteur: Seine Absatzmöglichkeit muß so groß sein, daß es möglich ist, die Einzelteile als Massenerzeugnis herzustellen. Er muß so gut durchgebildet sein, daß er verschiedenartige Kohlen verarbeiten kann und nicht für jeden Betrieb ein besonderer Roststab ausprobiert werden muß.

Man wird trotzdem öfter dazu greifen müssen, den mechanischen Rost für besondere Kohleneigenschaften einzurichten, besonders dort, wo die Schüttfeuerung mit dem Brennstoff nicht betrieben werden kann.

Bei mechanischen Feuerungen ist die Gefahr zu starken Rostdurchfalls nahe. Die bewegten Teile müssen gegeneinander und gegen das Mauerwerk genügend Spiel zum Wachsen haben. Tritt der Rostdurchfall zu stark auf, so vermag der Rost die im Aschentrichter entstehenden Schwelgase nicht mehr ganz abzusaugen, der Rost fängt an zu schwelen und verräuchert das ganze Kesselhaus.

Wird Unterwind verwandt, so muß die Luftverteilung sehr gut durchgebildet sein, damit die durchblasenden Luftstrahlen nicht zuviel Flugkoks mitreißen.

2. Ausführungsformen.

Die ältesten Bauarten des mechanisierten Rostes für Braunkohle dürften wohl in Böhmen zu suchen sein, da die böhmische Braunkohle mit ihrem hohen Heizwert und niedrigem Schlackenschmelzpunkt stark schlackt und nicht auf allen Rosten verfeuert werden kann. Die guten Sorten der böhmischen Braunkohlen werden vielfach auf Wanderrosten

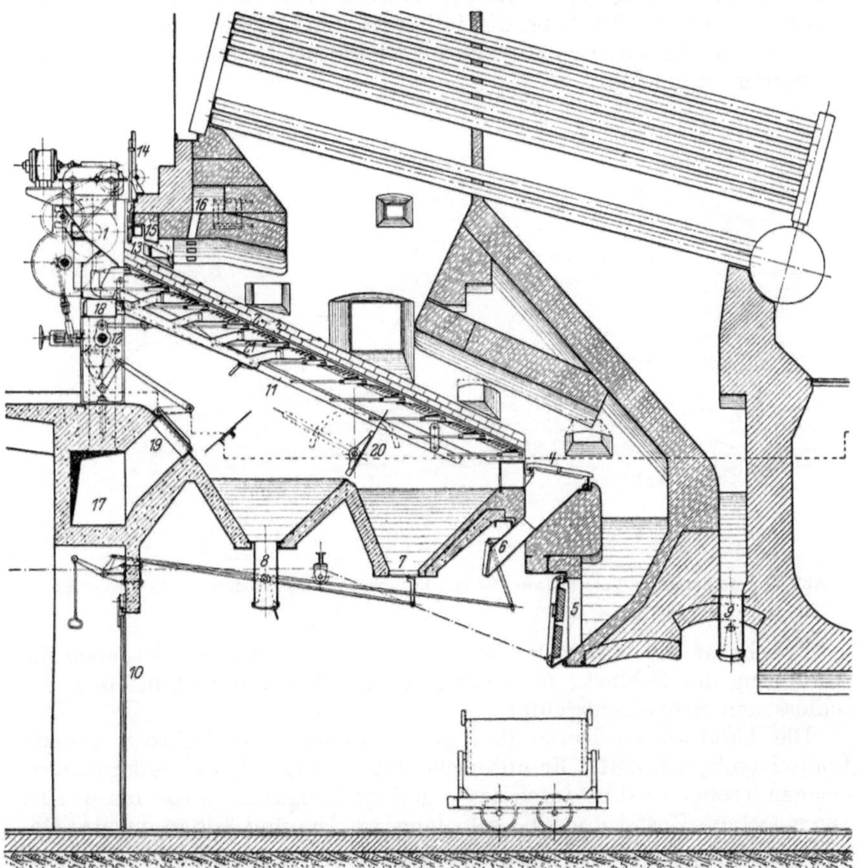

Abb. 30. Mechanischer Treppenrost, System Mauthner-Sperl, der Firma Breitfeld, Daněk & Co. in Prag.

verfeuert, welche sich von den im Steinkohlenbetrieb üblichen Tpyen nur durch die Ausbildung der Zündgewölbe unterscheiden. Bei kleinen Kesseln bevorzugt man den handbeschickten Planrost. In Böhmen werden auf verschiedenen Linien auch die Lokomotiven mit Braunkohlen geheizt.

Die Gattung der mechanischen Treppenroste hat in dem Schnetzer-Rost einen alteingeführten und gut durchkonstruierten Vertreter. Hätte man diesen Rost in Deutschland rechtzeitig beachtet, so wären uns manche Fehlschläge bei Neukonstruktionen erspart geblieben.

Eine ähnliche, neuere Ausführung der Fa. Breitfeld, Daněk & Co. ist der mechanische Treppenrost System Mauthner-Sperl, Abb. 30. Er besteht aus breiten, feststehenden und schmalen beweglichen Roststabgruppen, welche durch einen gemeinsamen Antrieb vor- und zurückbewegt werden. Die stark vorgezogenen Zündgewölbe deuten auf die besonderen Verbrennungseigenschaften der böhmischen Braunkohle hin. Da auch in Böhmen die Großkohlenverbraucher sich bei den Gruben ansiedeln und mit Vorliebe die billigeren Staubkohlen verfeuern, hat man bei der abgebildeten Ausführung mehrstufig regelbare Unterwindzuführung vorgesehen.

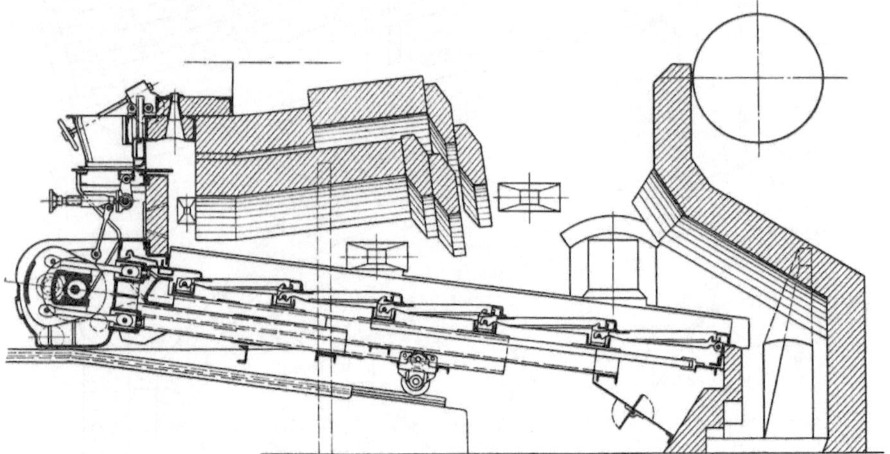

Abb. 31. Mechanischer Vorschubrost, Bauart Lomschakoff, der Skodawerke in Pilsen *(9)*.

Beliebt ist bei den stark schlackenden böhmischen Kohlen auch die Abführung der Schlacke über einen kurzen Ausbrennrost in einen geschlossenen Schlackentrichter.

Die Skodawerke bauen den mechanischen Vorschubrost, Bauart Lomschakoff, Abb. 31. Er unterscheidet sich von den meisten mechanischen Treppenrosten durch seine geringe Neigung, -10^{0} bis $+10^{0}$. Die einzelnen Roststufen sind sehr lang, ca. 1 m und bilden nur das Gerippe für die eigentliche Rostfläche, welche aus porösem, feuerfestem Material besteht, das in die gitterartigen Roststufen eingefüllt ist. Durch die geringe Neigung und die große Reibung des Brennstoffes auf dieser Rostfläche erzeugt der Rost für jeden Brennstoff eine bestimmte Schichthöhe, unabhängig von der Kohlenaufgabe. Zur Veränderung der zugeführten Brennstoffmenge wird der Absperrschieber und evtl. die Vorschubweite der über dem Rost liegenden Aufgabevorrichtung verändert. Die Kohle fällt von dort durch einen Schacht frei auf den Rost. Die Unempfindlichkeit des Rostes erlaubt den Übergang auf alle in Böhmen gewonnenen Kohlensorten. Zur Erzielung der für jeden Brennstoff günstigsten Schichthöhe wird entweder die Rostneigung verändert oder die Bauhöhe der einzelnen Vorschubplatten. Der Rostantrieb selbst wird in keinem Falle geändert. Infolge der Ausbildung der Rostfläche ist auch bei Staubkohle Rostdurchfall vermieden.

Ein Mittelding zwischen Vorschubrost und Wanderrost ist der selbsttätige Walzenrost „Vulkanstoker“ der Böhmisch-Mährischen Maschinenfabrik, Abb. 32. Er besteht aus drehbaren Düsenwalzen, die nur mit einem Segment aus der von Planroststäben gebildeten Rostebene hervorragen. Durch miteinander gekuppelte Klinkwerke werden die Walzen in Drehung versetzt und transportieren die Kohle vor. Auch

Abb. 32. Selbsttätiger Walzenrost „Vulkanstoker“ der Böhmisch-Mährischen Maschinenfabrik in Prag.

dieser Rost ist für Klarkohlen und Unterwind geeignet. Im Gegensatz zum deutschen Feuerungsbau sucht man in Böhmen auch die Braunkohlenroste ausfahrbar zu machen wie die Wanderroste.

Von den in Deutschland entwickelten Rostformen sollen zunächst diejenigen besprochen werden, bei welchen die ursprüngliche Rostform beibehalten wurde und der Vorschub durch besondere Vorschubkörper bewirkt wird. Als Beispiel dafür sind die neuen Bauarten der Firma Keilmann & Völcker, Abb. 28, anzuführen. Hier ist der ursprüngliche Treppenrost voll beibehalten. Nur über dem Planrost, eventuell auch knapp unter dem Kohlenwehr gehen mechanisch bewegte Vorschubkörper hin und her, um den Nachschub der Kohle zu verstärken. Zum Unterschied von den anderen mechanisierten Feuerungen ist hier, wenn nur der untere Vorschubkörper ausgeführt wird, der Rostwinkel noch im Rutschwinkel der Kohle eingestellt. Der Vorschubkörper hat dann nur die Aufgabe, den sehr langen Planrost, der von selbst nicht mehr decken würde, zu beschicken. Da der Planrost, entgegen der früher im Treppenrostbau geltenden Ansicht, hiermit zum Hauptverbrennungsrost ausgebildet ist, ist eine beträchtliche Leistungssteigerung möglich. Wird auch der obere Vorschubkörper ausgeführt, so kann mit ihm eine Nachschubkraft erzeugt und der Rost unter den Rutschwinkel der Kohle gelegt werden.

In ähnlicher Weise, jedoch etwas reichlicher mit Nachstoßkörpern ausgestattet, ist die Mechanische Hochleistungs-Treppenrostfeuerung, System Ludwig mit Ohms Vorrost, ausgebildet, Abb. 33. Dieser

Abb. 33. Mechanische Hochleistungs-Treppenrostfeuerung, System Ludwig mit Ohms Vorrost, der Firma K. H. Paul Ludwig in Magdeburg.

Vorrost ist eine charakteristische Eigentümlichkeit der Feuerung. Die Rauchgase der Kohle, die auf ihm verbrannt wird, ziehen nach oben in einen Gasmischraum und dann durch die dachförmigen Einbauten des Hauptschwelschachtes in den Feuerraum. Dabei trocknen sie die Kohle in dem Schwelschacht vor. Die dadurch erzielte bessere Ausnutzung des Brennrostes ermöglicht hohe Rostdurchsatzleistungen.

Noch weiter sind die Babcockwerke gegangen bei ihrer mechanischen Treppenrostfeuerung, Abb. 34. Der Brennstoff geht über einen kurzen, als Treppenrost ausgebildeten Vortrockenrost. Der Hauptrost ist in horizontale Streifen unterteilt, die abwechselnd beweglich und feststehend angeordnet sind. Auch die gewohnte Rostplattenform hat man verlassen und ist zu besonders ausgebildeten Stufenkörpern übergegangen. Die festen und die beweglichen Platten sind in je einem schmiedeeisernen Rahmen vereinigt. Der Antrieb erfolgt von einem Elektromotor über ein Wechselgetriebe und Exzenterstange mit verstellbarem Gleitstein auf die eigentliche Schwingwelle, an welche mit Kuppelstangen der bewegliche Rostteil angehängt ist. Ein be-

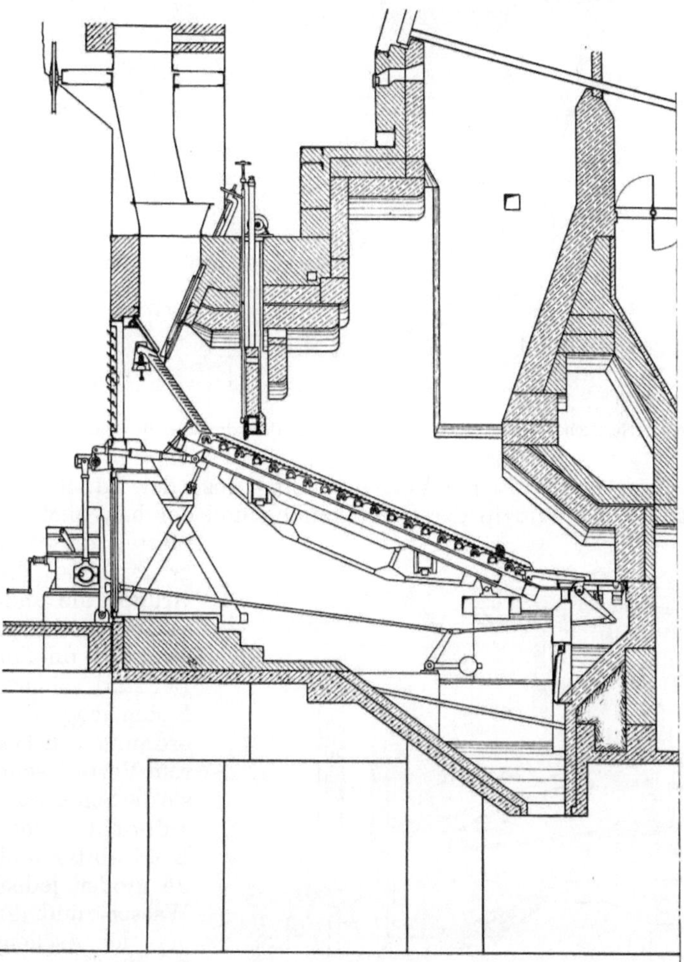

Abb. 34. Mechanischer Treppenrost der Babcockwerke unter einem Babcock-Hochleistungskessel.

sonders kräftig gebauter Schlackennachschubrost fördert den Ausbrand auf den als Kipprost ausgebildeten Schlackenrost. Durch besondere, federnd angeordnete seitliche Abschlußwangen wird der Rostdurchfall auf ein Mindestmaß beschränkt. Die Einführung der Hängedecke hat Rostbreiten bis 4 m ermöglicht, so daß auch große Kessel mit zweiteiligen Feuerungen ausgerüstet werden, was die Überwachung der Feuer sehr erleichtert. Ein neu eingeführter Ölantrieb gestattet auf einfachste Weise eine Veränderung der Vorschubgeschwindigkeit und auch der Vorschubweite.

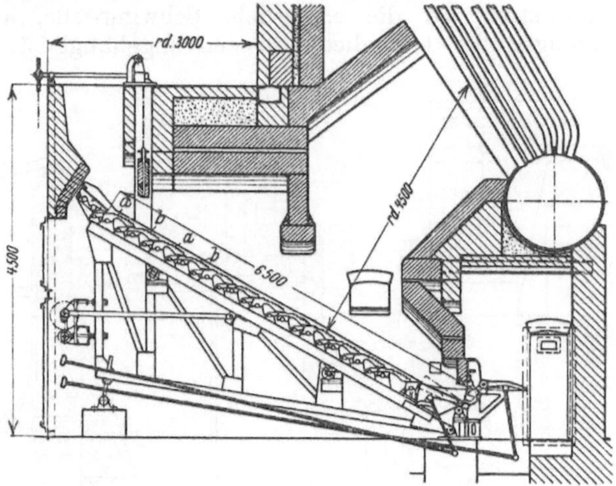

Abb. 35. Mechanischer Vorschubrost der Firma L. & C. Steinmüller in Gummersbach *(10)*.

Bei dem mechanischen Vorschubtreppenrost der Fa. Steinmüller, Abb. 35, ist das Prinzip der feststehenden und der beweglichen Rostplatten derart durchgeführt, daß die eine Gruppe die andere in schachbrettartiger Anordnung durchdringt. Bei stark schlackender Kohle mag diese Anordnung von besonderem Vorteil sein, weil sie die Schlacken sicher aufbricht und die Kohle öfter umlagert. Je größer jedoch der Wasser- und je geringer der Aschengehalt der Kohle ist, desto weniger verträgt sie eine derartig starke Umlagerung, bei der das Grundfeuer zerstört wird. Bei vielen dieser Feuerungen ist man deshalb auf horizontale Vorschubzonen übergegangen. Der Planrost hat bloß einige von Hand bewegliche Einsätze zum Aufbrechen der Schlacke.

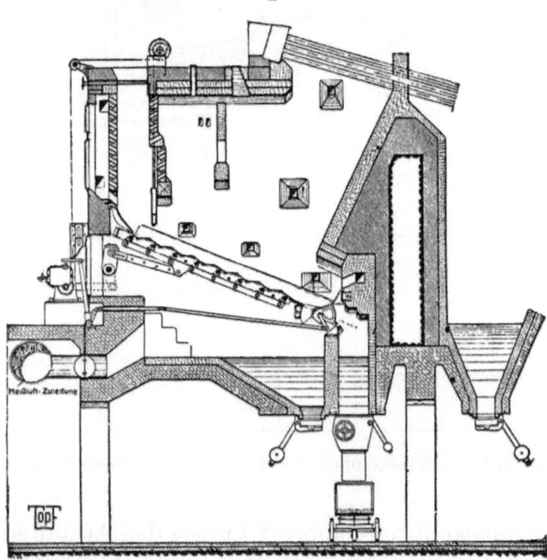

Abb. 36. Mechanische Küma-Feuerung der Fa. Topf & Söhne in Erfurt.

Die im Steinkohlenbetrieb bewährten Steinmüller-Pendelstauer sind in etwas vereinfachter Ausführung auch hier verwendet worden. Das Abschlacken erfolgt durch Anheben der Staupendel, wobei der Vorschubrost die angesammelten Schlacken über den Ausbrennrost in den Aschentrichter schiebt. Der Antrieb erfolgt wieder von einem Elektromotor über Vorgelege und Exzenterstangen mit Gleitsteinführung.

Eine gleichfalls in horizontale Zonen aufgelöste Vorschubfeuerung ist der Seyboth-Vorschubtreppenrost. Dabei ist noch der Antrieb

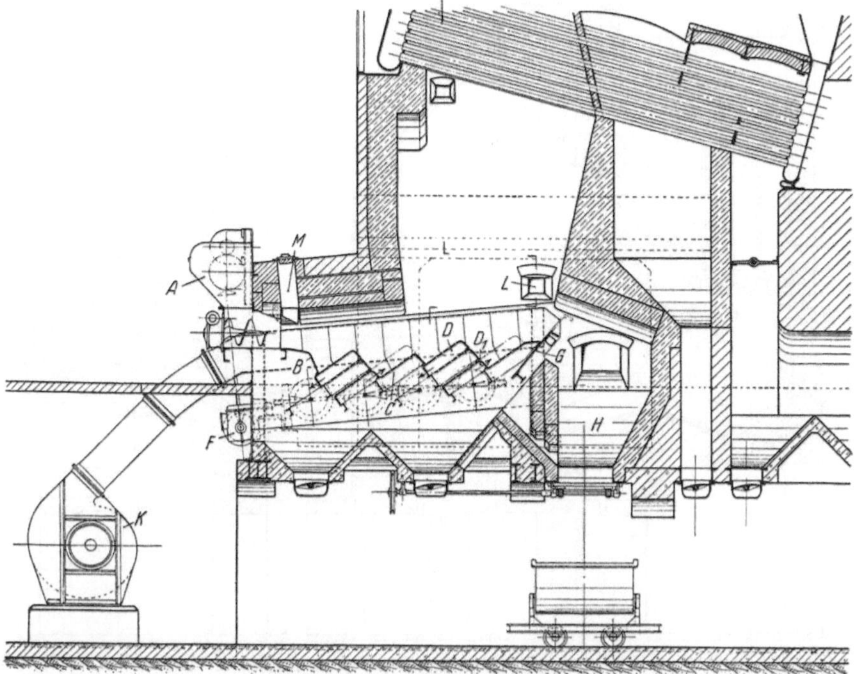

Abb. 37. Kaskadenrost der Vesuvio G. m. b. H. in München.

in mehrere Gruppen unterteilt, welche eine voneinander unabhängige Einstellung des Vorschubs ermöglichen. Die Roststäbe sind schmal und können der Wärmedehnung gut folgen. Daher ist auch Betrieb mit Unterwind und vorgewärmter Luft ohne Gefahr für den Rostbelag zulässig. Der Antrieb des Rostes erfolgt durch Elektromotore über Vorgelege und Exzenterstangen, oder auch durch öl- oder wassergetriebene selbststeuernde Kolbenantriebe.

Noch mehr auf minderwertige Brennstoffe und auf Unterwindbetrieb zugeschnitten ist die mechanische Küma-Feuerung der Fa. Topf & Söhne, Abb. 36. Sie weicht bereits wesentlich von den vorher beschriebenen Formen ab, indem nämlich der ganze Rostbelag aus Platten besteht, welche gelenkig miteinander verbunden sind. Die angetriebene Platte hat im Querschnitt etwa die Form eines T, das in seinem Schwerpunkt drehbar gelagert ist. Am unteren Ende greift die Zugstange an und bringt das T in eine schwingende Bewegung. Zwischen je zwei solchen T-Platten ist eine Verbindungsplatte gelenkig eingehängt. Dadurch macht nun der ganze Rostbelag eine wellenförmige Bewegung, was man auch bei der Bezeichnung durch das griechische Wort Küma zum Ausdruck gebracht hat. Der Schlackenrost ist ebenfalls mechanisch angetrieben und als Brecher ausgebildet. Die Verteilung der freien Rostfläche auf viele düsenförmige Öffnungen

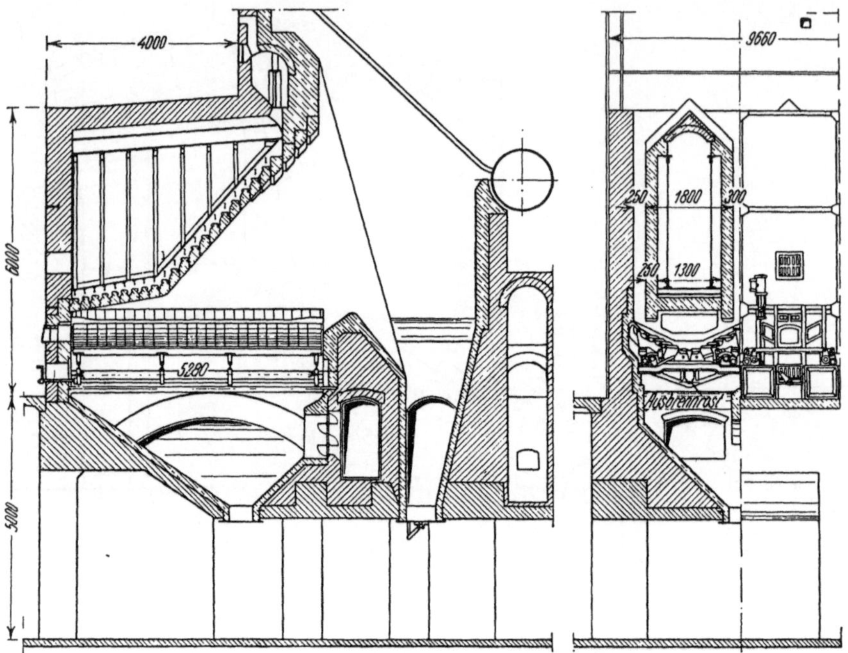

Abb. 38. Mechanischer Vorschub-Muldenrost der Firma Fränkel & Viebahn (8).

kennzeichnet den Rost als ausgesprochene Unterwindfeuerung, welche meist auch mit vorgewärmter Verbrennungsluft betrieben wird. Bei der gewählten Bewegungsart erfährt die Kohle eine dauernde, gelinde Umwälzung, welche ein Ansetzen von Schlacken verhindert. Das Anbacken der Schlacken an den Feuerraumwänden wird durch luftgekühlte, gußeiserne Hohlbalken verhindert. Der Antrieb erfolgt durch Elektromotor über Vorgelege und Schwingwelle auf die miteinander gekuppelten Zugstangen. Der Antrieb des Schlackenrostes wird besonders abgeleitet.

Vollkommen verzichtet hat man auf die Rostneigung in der Förderrichtung bei dem Vesuvio-Rost, Abb. 37. Er ist infolge seiner Düsenkastenausbildung als Unterwindrost anzusprechen und eignet sich bei der starken Umwälzbewegung, welche die Kohle erfährt, besonders für stark schlackende Kohlen.

Als Sondergruppe bleibt noch der mechanische Vorschubmuldenrost, Abb. 38, zu beschreiben. Die vollkommene Mechanisierung des

Rostes hat es ermöglicht, die Rostbahn länger zu machen und bei großen Kesseleinheiten mit wenigen nebeneinanderliegenden Rosten auszukommen. Bei der eigentümlichen Lage des Rostes können die Vorschubwellen nach vorn herausgeführt werden, so daß der größte Teil des Antriebes außerhalb des Mauerwerks liegt. Auch ist eine direkte Kupplung der beiden Rosthälften mit Zugstangen möglich. Sehr einfach ist die Entschlackung. Durch Umlegen eines Handhebels wird der zweiteilige Schlackenrost mit der hin- und hergehenden Zugstange gekuppelt und läßt beim Auseinandergehen die Schlacke in den Aschentrichter fallen. Nach einigen Hüben wird die Kupplung wieder ausgeklinkt und das Abschlacken ist beendet. Der Antrieb erfolgt durch Wasser oder Öl. Diese Antriebsart hat den großen Vorteil, daß man durch Einstellen des Drosselventils jede beliebige Geschwindigkeit erzielen kann. Der Antrieb arbeitet nicht sehr wirtschaftlich, dafür aber ohne jede Übersetzung und ist äußerst einfach.

3. Betriebsergebnisse.

Der Hauptzweck, der mit der mechanischen Feuerung erreicht werden soll, ist die Leistungssteigerung. Ihre Begleiterscheinungen sind höhere Feuerraumtemperaturen mit höheren Beanspruchungen des Materials. Kommen die Schlacken zum Schmelzen, so greifen sie nicht nur die Ausmauerung, sondern auch den Feuerungsguß an. Die bewegten Teile verschleißen durch Abnutzung oder Verbrennen. Schlimmer sind die Schäden, wenn sich durch zu starkes Wachsen oder durch Verschlacken Brüche einstellen. Solange nur Rostplatten brechen, ist der Schaden nicht groß. Wenn jedoch auch Antriebsteile brechen, wird der Betrieb ernstlich gestört.

Den größten Verschleiß verursacht das Verbrennen der Platten. In verschiedenen Fällen konnte ich nachmessen, daß sich die verbrannten Teile linear um 6—8% vergrößert hatten. Derartige Dehnungen vermag kein Rost aufzunehmen. Die Platten müssen daher so gebaut werden, daß sie die Vergrößerung durch Abbrennen durch Abnutzung wieder verlieren, sonst klemmt der ganze Rostbelag. Am zweckmäßigsten erscheinen Formen, welche dem Roststab des Wanderrostes ähneln, mit schmaler Brennbahn und hoher, kräftiger Kühlrippe. Große, in einem Stück ausgeführte Rostplatten von 10 kg Gewicht und mehr bergen immer die Gefahr in sich, daß man wegen geringfügiger Schäden große Mengen Feuerungsguß auswechseln muß.

Besondere Sorgfalt muß den Antrieben zugewandt werden. Sie sollen zugänglich sein und nicht durch Strahlung vom Rost auf derartige Temperaturen kommen, daß sich eine Schmierung erübrigt. Zum Schutz des Vorgeleges sollen Rutschkupplungen oder ähnliche Sicherungen vorgesehen werden.

Eine gut gebaute mechanische Feuerung muß eine flachere Wirkungsgradkurve ergeben als die nichtmechanische, da der Antrieb die Möglichkeit gibt, die Feuerführung auch in den Endlagen besser zu beherrschen. Die schon beim Treppenrost ausgesprochene Forderung, daß der Ausbrennrost von einem dahinter liegenden Gang aus soll beobachtet werden können, gilt hier noch mehr, weil der Heizer zur richtigen Einstellung des Vorschubes mehr auf die Beobachtung des Feuers angewiesen ist.

Die in Abb. 39 gezeigte Wirkungsgradkurve wurde an einem Babcock & Wilcox-Hochleistungskessel mit mechanischem Treppenrost der Babcockwerke gewonnen. Die Betriebsverhältnisse waren ungefähr die gleichen, so daß man die Kurven Abb. 29 und 39 miteinander vergleichen

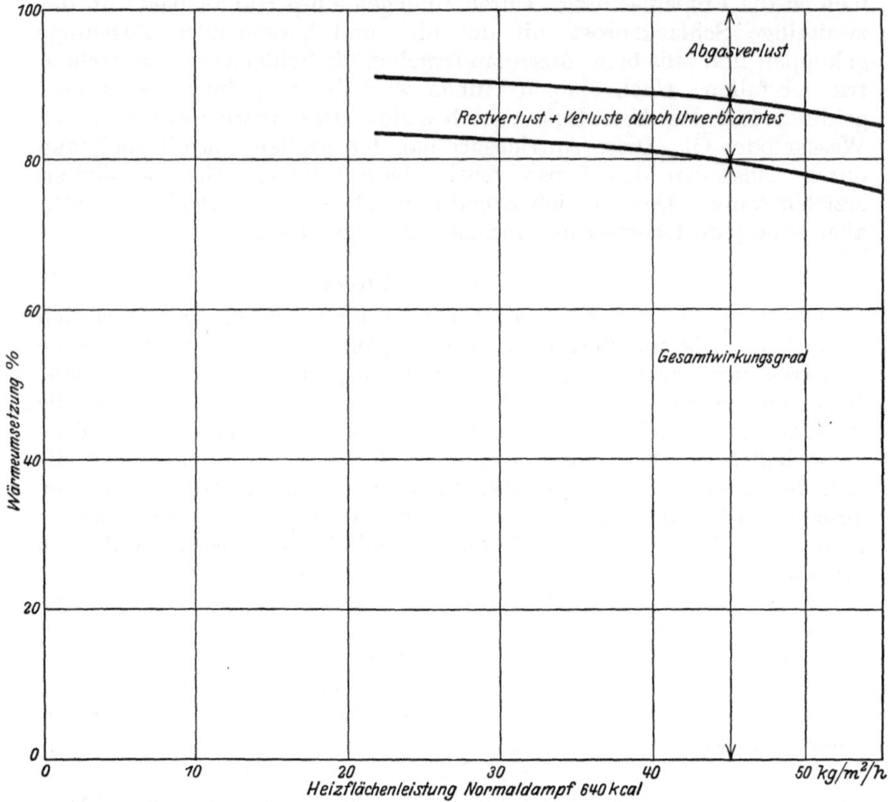

Abb. 39. Wirkungsgradkurve eines Babcock-Hochleistungskessels mit mechanischem Treppenrost der Babcockwerke.

kann. Dieser Vergleich zeigt deutlich die großen Fortschritte, die durch Mechanisierung des Treppenrostes erreicht wurden. Die Wirkungsgradkurve ist flacher geworden und liegt allgemein um einige Prozent höher. Diese Verbesserung kann nur durch höheren CO_2-Gehalt der Abgase und durch geringere Verluste an Unverbranntem erreicht werden. Die Babcockwerke geben z. B. Brennstoffverluste durch Rostdurchfall von nur 0,2% an. Während beim gewöhnlichen Halbgas-Treppenrost mit 35 kg/m² die Grenzleistung erreicht war, liegt sie beim mechanischen Treppenrost um etwa 50% höher.

Als schöner Erfolg ist auch zu bezeichnen, daß mit dem mechanischen Treppenrost das Herausschlagen der Flammen vollkommen vermieden wird. Der Kesselbetrieb erhält mit solchen Feuerungen die Saüberkeit, die ihm bisher gefehlt hat.

Diesen vielen Vorzügen gegenüber sollte man nicht so sehr den Verschleiß in den Vordergrund rücken, der bei eingehenderer Betrachtung gar nicht so bedeutend ist. In Zahlentafel 7 sind nach Betriebsaufzeichnungen die Betriebskosten je Betriebsstunde für einen Kessel von 650 m² Heizfläche zusammengestellt, und zwar im Vergleich für den Halbgas-Treppenrost und den mechanischen Treppenrost. Dabei wurde ein Kohlenpreis von RM. 2,75 pro Tonne zugrunde gelegt. Je nach der Lage des Verbrauchers zur Grube wird sich dieser Preis verändern. Die Kohlenkosten sind in diesem Falle verhältnismäßig niedrig, weil ein Betrieb betrachtet wurde, der nur mit ca. 50% Belastungsfaktor arbeitet. Die Betriebsstunden wurden auch über die Zeit weitergerechnet, wo die Kessel mit gedämpften Feuern lagen, wobei natürlich im Verhältnis zum Kohlenverbrauch der Abbrand an Mauerwerk und Rostbelag viel größer ist. Berücksichtigt man ferner noch, daß der mechanische Treppenrost etwa 50% mehr Kohle durchsetzt, so werden die prozentualen Reparaturkostenanteile für beide Feuerungsarten ungefähr gleich hoch ausfallen.

Zahlentafel 7. Betriebskosten je 1 Betriebsstunde für die Rohbraunkohlenfeuerung an einem Kessel von 650 m² Heizfläche.

	Halbgas-Treppenrost			Mechan. Treppenrost		
	kg od. Std.	RM.	%	kg od. Std.	RM.	%
Kohle	5630	15,40	88,67	7900	21,70	89,02
Feuerungsguß	0,23	0,07	0,40	0,43	0,13	0,53
Feuerfeste Steine	1,75	0,17	0,98	1,75	0,17	0,70
Chamottemörtel	0,185	0,03	0,17	0,185	0,03	0,12
Maurerlöhne	0,25	0,25	1,44	0,25	0,25	1,02
Schlosserlöhne	0,05	0,05	0,29	0,10	0,10	0,41
Kapitaldienst der Feuerung 20%	—	1,40	8,05	—	2,—	8,20
Insgesamt:	—	17,37	100,—	—	24,38	100,—

Eine noch ungeklärte Frage ist die Grenzleistung der Feuerungen. Je nach dem vorhandenen Feuerraum bewegen sich die maximal erreichbaren Rostleistungen zwischen 700000 und 1000000 kcal/m²/h, gelegentlich auch noch höher, bei Feuerraumbelastungen von 500000 bis 200000 kcal/m³/h. Eine Beziehung zwischen diesen Größen, die auch noch von der Feuerraumtemperatur beeinflußt werden, ist noch nicht bekannt und wird sich auch schwerlich in einer allgemein gültigen Form finden lassen.

Viele Braunkohlen, besonders die mit Salzgehalt, bilden leichtfließende Schlacken. Auch bei solchen Verhältnissen vermag der mechanische Rost noch gute Durchsatzleistungen zu erzielen, wenn auch der Abbrand etwas größer wird. Es ist jedoch angezeigt, in solchen Fällen mit den Belastungen nicht an die Grenzleistung zu gehen, weil bei den höheren Feuerraumtemperaturen recht störende Ansinterungen an den Rohren und an den Wänden und Decken des Feuerraumes auftreten können.

C. Feuerungen für veredelte Kohlen.

Eine Veredelung der Kohle kann erfolgen:

1. um ungünstige Verbrennungseigenschaften zu beheben,
2. um eine Anreicherung des Heizwertes zu erreichen,
3. als Nebenprodukt eines anderen Erzeugungsprozesses.

Zum ersten gehört die Brikettierung der Staubkohle im Steinkohlenbergbau, wodurch aus einem schwer verkäuflichen und daher billigen Brennstoff ein gut zu verfeuernder von annähernd gleichem Heizwert entsteht. Auch die Verkokung der Steinkohle kann hierher gerechnet werden.

Zum zweiten gehören alle die Verfahren, bei denen aus einem Brennstoff von niedrigerem Heizwert durch Ausscheiden des Wassers oder des tauben Gesteins ein solcher von höherem Heizwert hergestellt wird. Ihr Ziel kann sowohl eine Verbesserung gewisser Verbrennungseigenschaften, als besonders eine Frachtersparnis sein. Im weiteren Sinne gehört dazu auch die Verflüssigung und die Vergasung der Kohle.

Das dritte beruht auf der Erscheinung, daß Kohle als billiger Ausgangsstoff für verschiedene chemische Prozesse nur zum geringen Teil auf hochwertige Produkte verarbeitet werden kann, während der größere Teil, obwohl im Heizwert veredelt, verbrennungstechnisch als ein wenig brauchbares Nebenprodukt anfällt. Das deutlichste Beispiel dafür ist die Schwelerei, die über die Hälfte der verarbeiteten Kohle als Schwelkoks hinterläßt und deren weitere Ausbreitung davon abhängt, ob es gelingen wird, dem Schwelkoks ein erweiterungsfähiges Absatzgebiet zu schaffen. Als Nebenprodukt sind auch die Koks bei der Vergasung bzw. die Gase bei der Verkokung zu werten.

Die Veredelung stückiger Braunkohle bietet eine Menge von Schwierigkeiten, die zu überwinden nur auf Umwegen gelungen ist. Den Hauptvorgang bei der rein heiztechnischen Veredelung bildet die Verminderung des Wassergehalts. Das Wasser durch Trocknen zu entfernen, ist nicht schwierig. Dagegen ist es nicht möglich, ein Stück durchweg gleichmäßig zu trocknen. Die Kohle, welche nach neueren Ansichten als Kolloid aufzufassen ist, schrumpft nicht, sondern bekommt Risse, verliert ihre Festigkeit und zerfällt schließlich in kleine Stückchen. Daneben hat die Trockenkohle noch den Nachteil, daß sie außerordentlich zur Selbstentzündung neigt. Man ging deshalb dazu über, die Trockenkohle auf Formlinge zu pressen, was bei Braunkohle ohne Bindemittel möglich ist. In dieser verdichteten Form, dem Brikett, hat die Kohle die gewünschten Vorteile wieder: Geringen Wassergehalt, gleichmäßige stückige Form und reichliche mechanische Festigkeit. In Brikettform ist es der Braunkohle gelungen, sich das schwierigste Absatzgebiet, das Reich der Hausfrau, zu erobern. Leider liegen auf der Brikettherstellung auch bereits so hohe Herstellungskosten, daß sie gegen Steinkohle nur in beschränktem Aktionsradius konkurrenzfähig ist.

Man hat deshalb das Streben nach einer Veredelung der Braunkohle ohne Brikettierung nicht aufgegeben und ein von dem durch einen plötzlichen Tod aus seinen Arbeiten gerissenen Leobener Professor Dr. Fleißner ausgearbeitetes Verfahren scheint dem Ziele schon bedeutend näher zu kommen. Es berücksichtigt die kolloidalen Eigenschaften der Kohle, indem die Kohle in druckfesten Behältern der Temperatur und dem Druck von Sattdampf von 8—15 atü ausgesetzt wird. Während unter Atmosphärendruck die Kohle schon bei 110 ° C flüchtige Bestandteile abgibt, liegt diese Grenze bei Druck über der Sattdampftemperatur. Die Kohle schrumpft bloß, ohne zu reißen und behält trotz des Wasserverlustes annähernd ihr spezifisches Gewicht und ihre Festigkeit. Zum Unterschied von der gewöhnlichen Trocknung, bei der für 1 kg auszutreibendes Wasser 1,2 kg Dampf erforderlich sind, benötigt das Verfahren nach Dr. Fleißner nur 0,6 kg Dampf je 1 kg Wasser. Das wäre schon ein bedeutender Gewinn. Leider scheint es, als ob es nicht möglich wäre, mit diesem Verfahren die Kohle so weit zu trocknen, wie dies frachtlich wünschenswert wäre. Infolgedessen wird ihr Aktionsradius noch geringer sein, als der des Briketts. Immerhin hat die Alpine Montangesellschaft im Köflacher Revier bereits derartige Veredelungsanlagen in Betrieb.

Ein Schmerzenskind unserer Wirtschaft ist der Schwelkoks, der um weniger Prozente flüchtiger Bestandteile willen in großen Mengen als Nebenprodukt mit in Kauf genommen werden muß. Da auch er stark entwässert ist, stellt er ein recht hochwertiges Veredelungsprodukt dar. Da ihm jedoch ein großer Teil der flüchtigen Bestandteile entzogen ist, ist er nur auf Spezialfeuerungen zu verbrennen. Dazu kommt noch, daß er trotz der weit getriebenen Entgasung starke Neigung zur Selbstentzündung zeigt und nur durch künstliche Wiederbefeuchtung auf 20—30 % Wasser lagerfähig wird. Man hat durch Ausbildung besonderer Öfen vermocht, ihn als Hausbrand einzuführen und ihm damit ein festes Absatzgebiet zu erobern. Leider erweist sich dieses schon für die derzeit anfallenden Schwelkoksmengen nicht mehr aufnahmefähig genug. Der Versuch, ihn als Rohmaterial für die Kohlenstaubbereitung zu gebrauchen, hat neben der Preisfrage noch mit verbrennungstechnischen Erscheinungen zu kämpfen, auf die erst bei der Kohlenstaubfeuerung näher eingegangen werden soll.

Auch die direkte Vermahlung der Trockenkohle zu Staub soll dort besprochen werden, da sie mit der Verfeuerung eng zusammenhängt.

Einen energischen Angriff gegen den reaktionsträgen Kohlenstoff stellen die verschiedenen Verfahren zu mehr oder weniger vollständiger Verflüssigung der Kohle dar. Im Gegensatz zur Verschwelung bezweckt die Verflüssigung nicht nur die Gewinnung der schon in der Kohle enthaltenen flüchtigen Bestandteile, sondern durch reine Synthese die Überführung des Kohlenstoffes in flüchtige Verbindungen. Die Verfahren, welche noch im Anfangsstadium ihrer praktischen Anwendung stehen, werden für den Kesselbetrieb vorläufig keine große Bedeutung gewinnen können. Dagegen wird die Braunkohle als Rohstoff für die Verflüssigung eine bedeutende Rolle spielen.

Leichter als die Verflüssigung war die Vergasung der Braunkohle, bei der es durch verschiedene Hilfsverfahren auch möglich ist, die anfallenden Koks restlos zu vergasen. In Verbindung mit den großen

Projekten eines, die Industriezentren umspannenden Netzes von Gasfernleitungen, mag auch das Gas vielleicht einmal in den Dampfkesselbetrieb Eingang finden. Jedenfalls wird, ähnlich wie bei der Verflüssigung, auch bei der Gaserzeugung die Braunkohle einen beträchtlichen Teil des Rohstoffes bilden.

Die bei der Besprechung der Rohkohlenfeuerungen getroffene Einteilung soll auch hier beibehalten werden. Dabei werden unter dem Abschnitt Brennstoff auch die Aufbereitungsmethoden besprochen werden, weil die Kenntnis derselben zur Beurteilung der Brennstoffeigenschaften erforderlich ist.

Dagegen werden Feuerungen für Gas oder Ölbetrieb nicht aufgeführt werden, weil deren Bedeutung für den Dampfkesselbetrieb noch gering ist und weil sich die Ausführung von denen für flüssige oder gasförmige Brennstoffe anderer Abstammung, über welche schon eine reiche Literatur besteht, wenig oder gar nicht unterscheidet.

VI. Feuerungen für stückige veredelte Kohlen.

1. Der Brennstoff.

Im Konkurrenzkampf der Braunkohle gegen Steinkohle ist das wichtigste, den Heizwert der Braunkohle durch Vermindern ihres Wassergehaltes zu erhöhen. Durch Trocknen ist das leicht erreichbar und es hat sich ein wirtschaftlicher Mittelwert von $H_u \cong 5000$ kcal bei 10—15% Feuchtigkeit ergeben. Die Braunkohle nimmt jedoch beim Trocknen manche unangenehmen Eigenschaften an. Sie wird rissig und verliert ihre ursprüngliche Festigkeit, so daß sie bei mehrmaligem Umlagern vollkommen zerfällt. Durch die vielen Risse ist die Oberfläche der Rohkohle auf ein Vielfaches der ursprünglichen gewachsen bei gleichzeitiger Gewichtsverminderung infolge der Wasserabgabe. Die Neigung der Rohbraunkohle zur Selbstenztündung wird dadurch derart erhöht, daß ein längeres Lagern nicht durchführbar ist. Man sah sich daher gezwungen, diese Oberflächenvergrößerung der Kohle durch Pressen wieder zu beseitigen und ihr gleichzeitig eine zweckmäßige Form von genügender mechanischer Festigkeit zu geben, sie zu brikettieren.

Es besteht ein grundlegender Unterschied in der Brikettherstellung aus Steinkohle und Braunkohle. Jene brikettiert man, um eine Verwendungsmöglichkeit für Feinkohlen zu schaffen, für welche es schwer fällt, Absatz zu finden, der Heizwert der Kohle wird dabei nicht wesentlich verändert. Braunkohle dagegen wird durch die Brikettierung auf das 2 bis 2,5fache ihres Heizwertes gebracht.

Die Brenndauer der gewöhnlichen Hausbrandbriketts von ½ kg Gewicht beträgt etwa 30 Minuten. Für industrielle Feuerungen ist das etwas zuviel. Man stellt deshalb besondere kleine Formen unter dem Namen Industriebriketts her, die in dünnerer Schicht gleichmäßig verbrannt werden können.

Eine andere Form der Kohlenveredelung ist die Verschwelung. Als Edelprodukte werden dabei jedoch die Teer-und Leichtölbestandteile geschätzt, während der anfallende Schwelkoks als lästiges Nebenprodukt betrachtet wurde. Er ist durch die Austreibung der Feuchtigkeit zwar wärmetechnisch veredelt, hat jedoch auch den größeren Teil seiner flüchtigen Bestandteile verloren. Neben einer starken Neigung zur Selbstentzündung hat er den großen Nachteil, daß man zu seiner Verbrennung besonders konstruierte Feuerungen braucht. An Versuchen hat es nicht gefehlt, doch ist seine Einführung für Kesselbeheizung bisher nicht gelungen. Es ist jedoch zu erwarten, daß die großen Fortschritte, die der Feuerungsbau in den letzten Jahren gemacht hat, auch dem Schwelkoks ein größeres Absatzgebiet schaffen werden. Wenn einmal der Bedarf an Schwelkoks so groß ist, daß er preisregulierend wirkt, wird man die Erzeugung von Schwelkoks auch als Veredelung im feuerungstechnischen Sinne bezeichnen können.

Das schon erwähnte Verfahren von Dr. Fleißner, das eine Kohle von reichlicher mechanischer Festigkeit ergibt, könnte, wenn es weiter ausgebildet wird, eine gute Kesselkohle liefern, welche den guten böhmischen Braunkohlen nicht nachsteht und daher unter ähnlichen Bedingungen verfeuert werden könnte wie diese.

2. Ausführungsformen.

Braunkohlenbriketts können auf handbeschickten Planrosten verfeuert werden. Wie weit der Spielraum geht, zeigen besonders die kleinen Abraumlokomotiven und die Baggerkessel der Braunkohlenbetriebe. Für größere Einheiten kann der Wanderrost, so wie er für Steinkohle gebaut wird, verwendet werden. Nur die Ausbildung der Zündgewölbe weicht etwas ab. Dieser Vorteil, daß man in den vergangenen Jahren einer schwer gestörten Kohlenversorgung bei Mangel an Steinkohlen auf Brikettverfeuerung übergehen konnte, hat dem Brikett manchen neuen Abnehmer gewonnen.

Eine von der Julius Pintsch A.-G. gebaute Anlage mit Schwelschacht dient dazu, um den Briketts einen Teil ihrer flüchtigen Bestandteile zu entziehen. Sie wird immer auf besondere Fälle beschränkt bleiben, wo Tag und Nacht mit gleichmäßiger Kesselbelastung gearbeitet wird.

Briketts können auch auf den meisten mechanisierten Rosten für Rohbraunkohle verfeuert werden, wenn die Rostfläche entsprechend bemessen wird.

Dampfkesselfeuerungen für Schwelkoks sind bisher in großem Umfange nicht ausgeführt worden. Die Firma Topf Söhne gibt an, daß ihre mechanische Küma-Feuerung auch für Schwelkoks geeignet ist.

VII. Die Kohlenstaubfeuerung.

1. Der Brennstoff.

Unter Brennstaub versteht man einen auf derartige Feinheit zerkleinerten Brennstoff, daß er, mit Luft gemischt, in der Flamme schwebend, verbrannt werden kann. Es ist also, wenn der Brennstaub nicht als Nebenprodukt anfällt, erforderlich, die Kohle zu zerkleinern. Um dabei einen möglichst geringen Kraftbedarf zu erreichen und auch bei der späteren Förderung und Zuteilung ein Zusammenballen des Staubes zu vermeiden, ist es notwendig, die Rohkohle vorerst zu trocknen.

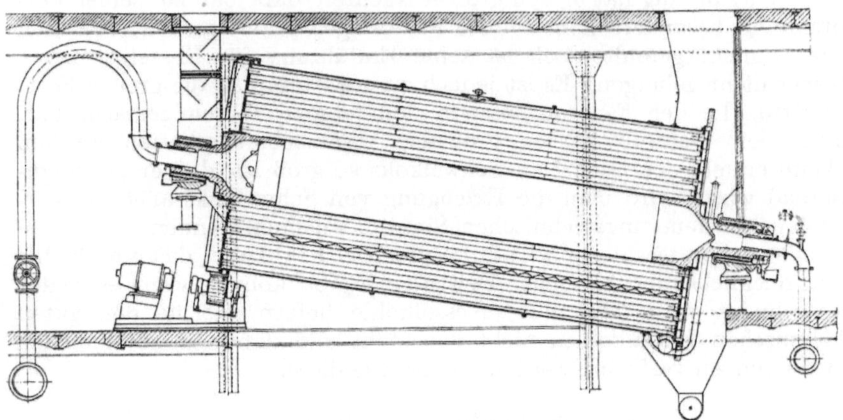

Abb. 40. Röhrentrockner der Buckauer Maschinenfabrik in Buckau.

Die technische Herstellung und Verwendung des Brennstaubes gliedert sich daher in folgende 4 Arbeiten:

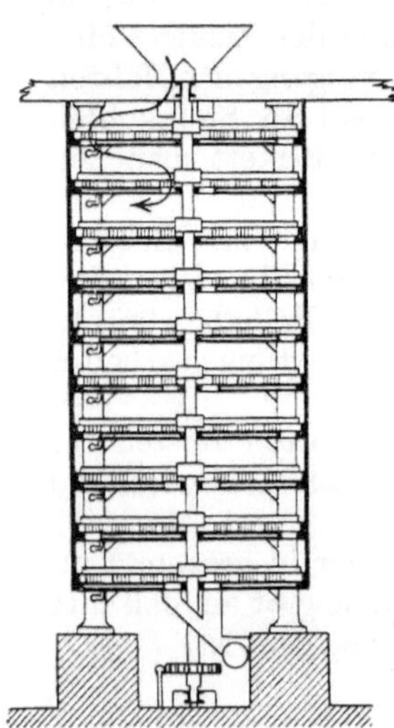

Abb. 41. Tellertrockner *(11)*.

Trocknen der Rohkohle,
Mahlen der Trockenkohle,
Förderung des Staubes,
Verfeuerung des Staubes.

Zur Trocknung der Rohkohle stehen 2 Verfahren zur Verfügung, die Trocknung mit Dampf und die mit Feuergasen.

Für die Trocknung mit Dampf kommen die in den Brikettfabriken seit langer Zeit bewährten Röhrentrockner und Tellertrockner in Betracht. Der Röhrentrockner, Abb. 40, besteht aus einer schwach geneigten zylindrischen Trommel, die nach Art eines Oberflächenkondensators mit Rohren versehen ist, welche mit den Rohrböden und dem Mantel das Heizsystem bilden, in welches Dampf, meist Abdampf von 1—4 atü eingeführt wird. Die auf unter 10 mm vorgebrochene Rohkohle wird durch eine Füllvorrichtung am höherliegenden Ende des Trockners in die Röhren eingeführt. Durch langsame Drehung der Trommel um ihre Achse wandert die Kohle bis zum tiefsten Punkt des Systems, kommt dabei dauernd mit den dampfbeheizten Rohrwänden in Berührung und gibt einen Teil ihres Wassergehalts ab. Am Ende der Trommel wird die Trockenkohle und die Spülluft mit den Dämpfen, die Wrasen, abgezogen. Beim Tellertrockner, Abb. 41, wird die Kohle von Verteilern über die dampfbeheizten Teller geführt und fällt durch die Öffnungen jeweils auf den nächsten Teller. Beide Fälle setzen das Vorhandensein von großen Mengen Ab-

Abb. 42. Rauchgasbeheizte Trockentrommel der Babcockwerke.

dampf voraus, da einschließlich Anwärmen der Kohle und der Wärmeverluste für 1 kg auszutreibendes Wasser 1,2—1,5 kg Dampf erforderlich sind.

Steht Abdampf nicht zur Verfügung, so wird die Feuergastrocknung vorgezogen. Die Kohle geht dabei wieder durch eine schrägliegende, rotierende Trommel, Abb. 42, doch werden als Wärmeträger die Rauchgase einer der Trommel besonders vorgebauten Feuerung benutzt. Wird im Gleichstrom getrocknet, so ist es möglich, die Rauchgase mit Temperaturen bis zu 800° C auf die

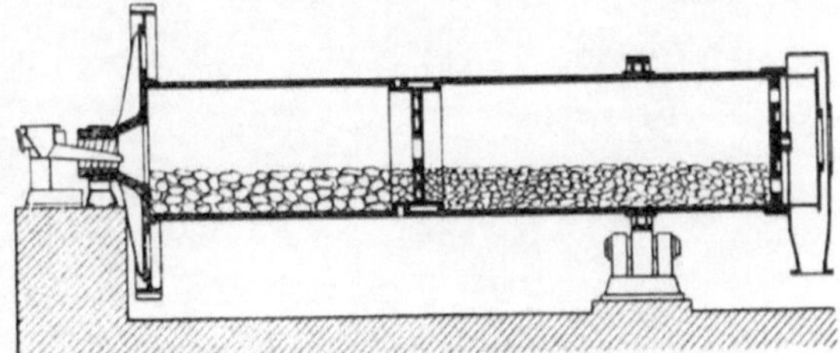

Abb. 43. Verbundrohrmühle *(11)*.

feuchte Kohle auftreffen zu lassen. Bei Trocknung im Gegenstrom muß mit Rücksicht auf die hohe Selbstentzündlichkeit der Trockenkohle die Temperatur der eintretenden Rauchgase auf etwa 200° C gehalten werden. Da beim Rauchgastrockner die Spülluft auch als Wärmeträger dient, ist die Wärmeausnutzung geringer als beim Dampftrockner, doch sind auch die Anlagekosten niedriger. Das Bestreben, Kesselabgase zur Trocknung zu verwenden, wird in den meisten Fällen an den örtlichen Verhältnissen, insbesondere an den für die Führung der Kesselabgase erforderlichen großen Kanalquerschnitten scheitern.

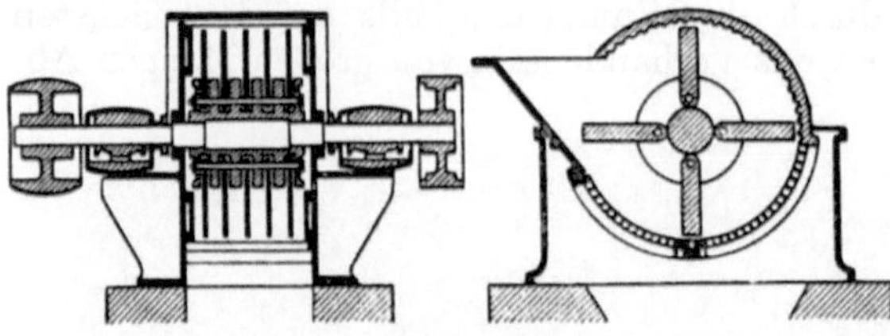

Abb. 44. Schlägermühle *(11)*.

Für die Vermahlung der Trockenkohle stehen verschiedene Mahlmaschinen zur Verfügung, die fast alle nicht als Kohlenmühlen entwickelt, sondern von der Hartzerkleine-

Abb. 45. Raymond-Pendelmühle.

rung übernommen wurden. Die Rohrmühle, Abb. 43, befördert die Kohle durch Drehen der Trommel weiter, wobei sie zwischen eingefüllten Mahlsteinen zerkleinert wird. Trotz der großen Betriebssicherheit konnten sich diese langsam laufenden Mühlen wegen ihres hohen Kraftbedarfs in die Kohlenmüllerei wenig einführen. Ungleich mehr geschätzt sind sie dagegen zum Vermahlen harten Materials.

Eine zweite Gruppe bilden die Schlägermühlen, Abb. 44, welche durch Schlagwirkung aneinander vorbeilaufender Schlagwerkzeuge die Stoffe zerkleinern. In der Kohlenmüllerei wird diese Gruppe viel als Einzelmühle für Kesselfeuerungen verwendet. Zur dritten Gruppe gehören all die vielen Bauarten, die mit Mahlwerkzeugen arbeiten, welche sich auf einer Mahlbahn abrollen. Zu ihnen zählt die Raymond-Mühle, Abb. 45, bei welcher die durch die Fliehkraft angedrückten Pendel als Mahlwerkzeuge wirken. Bei der Fuller-Mühle, Abb. 46, bilden Stahlkugeln, welche durch ein Schlagkreuz mitgenommen werden, die Mahlsteine. Bei den Walzen-Ringmühlen sind die Mahlwalzen durch Federn gegeneinander und gegen den Mahlring abgestützt. Abb. 47 zeigt eine Babcock-Mühle, welche zu den Ringmühlen gehört, jedoch in bezug auf die Trocknung eine Sonderstellung einnimmt. Bei ihr wird die Kohle mit der zur Trocknung erforderlichen warmen Luft in einen Windsichter geführt, aus dem sie in die Mühle fällt. Die in der Mühle zerkleinerte Kohle fällt wieder in den Luftstrom und macht so einen dauernden Kreislauf, bis sie auf genügende Feinheit gemahlen ist. Da bei jedem Durchgang durch die Mühle die Kohle zerkleinert wird und dem Luftstrom neue Flächen zur Trocknung bietet, ist in dieser

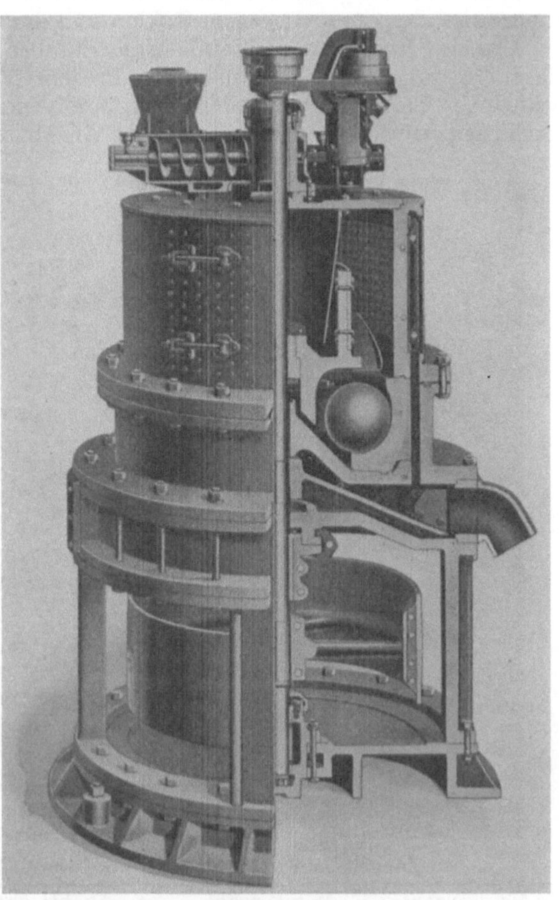

Abb. 46. Fuller-Mühle.

Mühle auch die direkte Vermahlung ungetrockneter Rohbraunkohle möglich.

Bei der Feinheit des Kohlenstaubes erfordert die Trennung des fertigen Staubes von den Griesen sichere Konstruktionen. Die Fuller-Mühle, Abb. 46, arbeitet mit reiner Siebung durch Drahtsiebe. Die meisten anderen Bauarten sind mit Windsichtern ausgerüstet. Bei ihnen wird der Staub in einem Zyklon von der Transportluft getrennt.

Um ein Urteil über die Feinheit des Staubes zu haben, hat man sich darauf geeinigt, den Staub nach den Prozenten an Rückstand auf verschiedenen Sieben zu beurteilen. Man bezeichnet jedoch die Siebe nicht nach Maschenweite, sondern nach der Anzahl der Maschen auf 1 cm².

Abb. 47. Ringwalzen-Sichtermühle der Babcockwerke mit angehobenem Mahlring.

Die Siebeinteilung ist in Zahlentafel 8 zusammengestellt.

Zahlentafel 8. Normalsiebe für Kohlenstaub.

Maschenzahl je 1 cm²	Maschenzahl linear auf 1 cm	Drahtstärke mm	Lichte Maschenweite mm
900	30	0,133	0,200
2500	50	0,080	0,120
4900	70	0,057	0,086
6400	80	0,050	0,075

Mit dieser Siebung wird jedoch nur ein kleiner Teil des Staubes klassifiziert. Der weitaus größere Teil, der noch durch das 6400-Maschensieb hindurchgeht, bleibt vollkommen unbestimmt. Untersucht man ihn auf noch feineren Sieben, so erhält man für den Anteil an den einzelnen Korngrößen eine Kurve, welche trotz der Größenunterschiede, die etwa das Zweihundertfache betragen, mit den in Abb. 19 gezeigten für verschiedene Rohkohlen eine gewisse Ähnlichkeit aufweist. Auch diese Ähnlichkeit spricht dafür, daß das Maximum bei der Rohkohle auf eine Mahlwirkung der Abbaumaschinen zurückzuführen ist.

Wenn man sich die Rückstände einer Staubsorte in Bezug zu der Feinheit in einem Koordinatensystem aufträgt, erhält man eine andere Kurvenform als Charakteristik des Staubes, Abb. 48. Wie Dr. Rosin nachgewiesen hat, haben alle Mühlenbauarten derartige Siebkurven, welche nur wenig voneinander abweichen. Ganz anders dagegen sieht die Kurve für den Filterstaub der Brikettfabriken aus. Dieser Staub, der bisher aus den Wrasen meist naß abgeschieden und der Rohkohle wieder zugesetzt wurde, kann besonders in den elektrischen Filtern als brennfertiger Staub gewonnen werden. Da er bisher als minderwertiges Abfallprodukt betrachtet wurde, kann seine Abscheidung als die wirtschaftlichste Art der Stauberzeugung betrachtet werden.

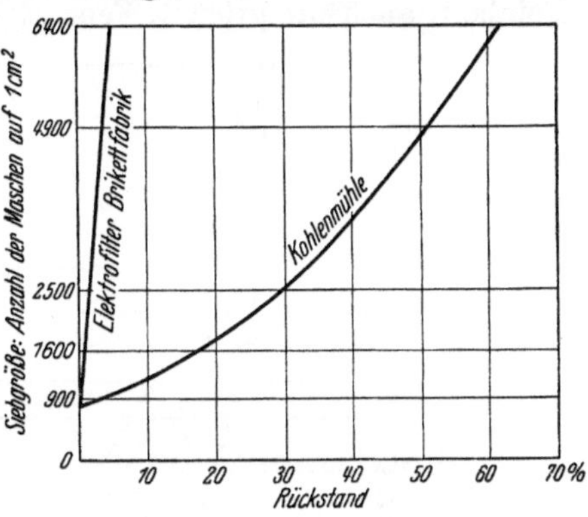

Abb. 48. Siebcharakteristik von Braunkohlenstaub.

Die Leistung der Mühle sinkt bei feinerer Ausmahlung. Gleichzeitig steigt der Kraftbedarf je Tonne erzeugten Staubes. Die Abhängigkeit ist nach Versuchen von Dr. Rosin in Abb. 49 dargestellt. Auch bei verschiedenem Feuchtigkeitsgehalt ändert sich der Kraftbedarf, worüber Dr. Rosin ebenfalls eingehende Versuche angestellt hat. Die horizontalen Linien in Abb. 50 geben danach den absoluten Leerlaufverbrauch und den Verbrauch für 1 t Staub bei verschiedenem Feuchtigkeitsgehalt an. Infolge der konstanten Leerlaufsarbeit tritt diese bei abnehmender Mühlenleistung stärker in Erscheinung, wie die eingezeichnete Kurve zeigt. Zählt man die reine Mahlarbeit dazu, so geben die gezeichneten Kurven den Gesamtverbrauch je 1 t Staub bei verschiedener Feuchtig-

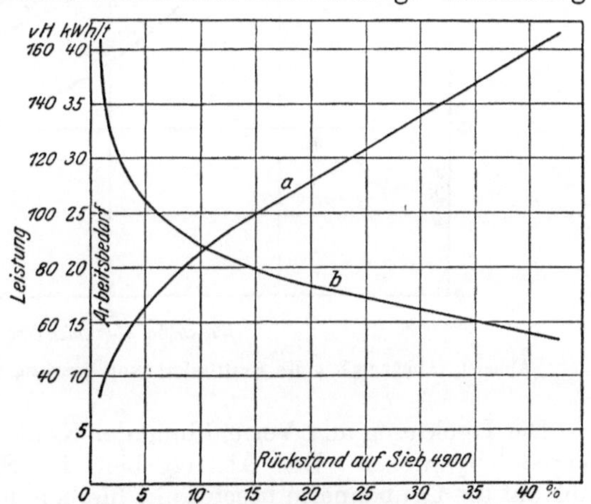

Abb. 49. Mühlenleistung und Kraftbedarf in Abhängigkeit von der Mahlfeinheit (12).
a Mühlenleistung, *b* Kraftbedarf.

keit und verschiedener Mühlenleistung an. Die Kurven zeigen deutlich, daß dem Leerlaufverbrauch der Mühlen überragende Bedeutung zukommt. Es muß in erster Linie dafür gesorgt werden, daß die Mühle vollbelastet geht. Ob die Kohle einige Prozent trockener oder feuchter ist, scheint dagegen weniger wichtig. Allerdings kommt in diesen Kurven noch nicht zum Ausdruck, daß, ähnlich wie die Vermahlung auf größere Feinheit, auch die größere Feuchtigkeit die Mühlenleistung herabsetzt.

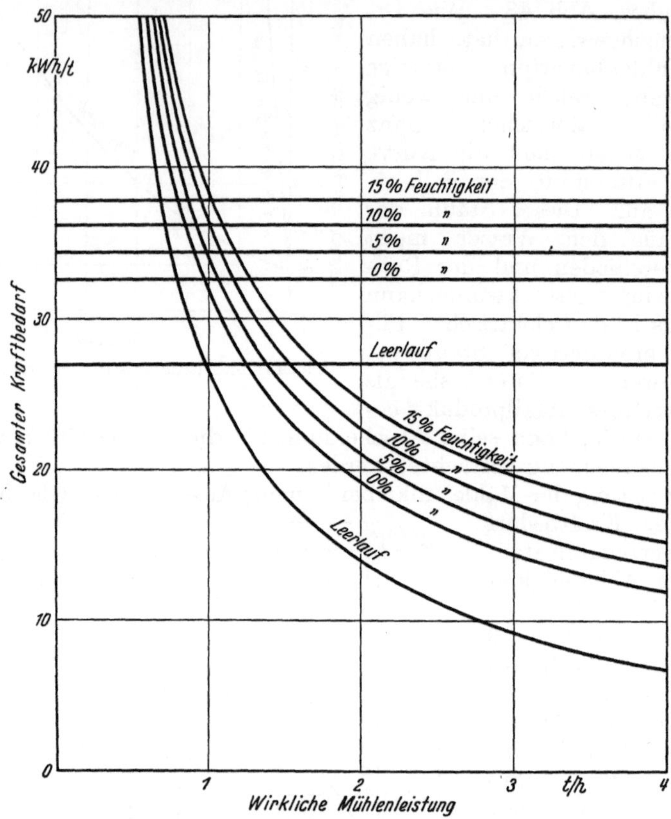

Abb. 50. Abhängigkeit des Kraftbedarfs von Feuchtigkeit und Mühlenleistung (12).

Die Trocknung und Vermahlung der Kohle ist ein stark ausgeprägter Veredelungsprozeß. Das Absatzgebiet des Staubes wird daher nicht nur auf die Grubennähe beschränkt bleiben und es tritt die Transportfrage in den Vordergrund.

Grundsätzlich wäre es erwünscht, die Kohle auf der Fundstelle zu trocknen und in offenen Wagen zu versenden, um sie an der Verwendungsstelle erst zu vermahlen. Als Schwierigkeit steht entgegen die leichte Selbstentzündlichkeit der Trockenkohle, die eine größere Lagerhaltung unmöglich macht, sowie die rasche Feuchtigkeitsaufnahme. Diese geht bis zu einer gewissen Grenze, dem hygroskopischen Punkt, der von der Temperatur und der Luftfeuchtigkeit abhängig ist. Nach Untersuchungen von Dr. Rosin an Flammkoks und Trockenkohle, sowie an dem daraus hergestellten Staub hatte die Trockenkohle nach wenigen Stunden schon den hygroskopischen Punkt erreicht. Eine Trocknung unter diesen Punkt, welche wegen des geringeren Kraftbedarfs vorteilhaft ist, kann aber doch längere Zeit aufrecht erhalten werden, sowohl bei Trockenkohle als auch bei Staub, wenn das Material dem Feuchtigkeitsangriff nur eine geringe Oberfläche bietet. Die Feuchtigkeit braucht dann Tage und Wochen, um von der Oberfläche des Stapels einige Zentimeter tief einzudringen. Nach weiteren Untersuchungen von Dr. Rosin scheint allerdings der der hygroskopischen Grenze entsprechende Feuchtigkeitsgehalt mit abnehmender Temperatur rasch zu steigen.

In den meisten Fällen wird man sich daher gezwungen sehen, die Kohle am Orte der Trocknung zu mahlen und in Sonderwagen zu versenden. Diese Sonderwagen belasten den Staubpreis schon im voraus mit etwa 10% des Verkaufspreises. Ist schon die Beförderung des Staubes auf große Strecken an Sonderwagen gebunden, so versagen bei der Nahförderung die Fördermethoden für stückiges Material vollkommen. Man ist dazu übergegangen, den Staub, mit Luft gemischt, wie eine Flüssigkeit zu fördern. Eine solche Förderleitung ist billig herzustellen und bei Beobachtung einiger Vorsichtsmaßregeln auch betriebssicher. Als Fördermittel verwendet man allgemein Luft. Es ist daher eine Vorrichtung nötig, um den Staub mit der Förderluft zu mischen.

Ist der Staub in geschlossenen, druckfesten Behältern befördert worden, so kann man ihn durch Einblasen von Preßluft fließend machen und mit Hilfe einer Preßluftdüse in die Rohrleitung fördern. Gleichzeitig wird der Behälter selbst auf Druck gebracht, damit das Nachfließen des Staubes gewährleistet ist. Diese Art der Förderung wird bei den meisten Kesselwagen angewendet und arbeitet zufriedenstellend. Der Preßluftverbrauch beträgt etwa 20 m³/t von 0°/760 mm Hg bei wechselnder Pressung von 1,5—3 atü, je nach der Länge und Steighöhe der Förderleitung. Wenn Wagen mit liegenden Behältern nicht ganz entladen werden können, so liegt dies nicht an der Förderung, sondern an der unzweckmäßigen Behälterbauart. Die Förderzeit mit Aufladen der Behälter und Umstellen der Leitungen beträgt bei 3—4″ Leitungen ca. 4 Min. für eine Tonne. Diese Zeit ist für größere Anlagen entschieden zu lang, wenn man bedenkt, daß im Aschenkeller im allgemeinen 1 t Asche in 3 Min. gefördert wird. Eine ähnliche Förderweise ist möglich mit Vakuum, wobei durch einen Saugrüssel die erforderliche Förderluft mit dem Kohlenstaub eingesaugt wird.

Bei druckfreien Behältern ist jedoch die Förderung mit Hilfe der Staubpumpe am häufigsten anzutreffen. Die Staubpumpe besteht aus einer rotierenden Schnecke mit hoher und gegen den Austritt abnehmender Steigung, welche den Staub aus dem Bunker abzieht und am Ende, mit Preßluft gemischt, in die Förderleitung austreten läßt. Abb. 51 zeigt die Fuller-Kinyonpumpe, der die anderen Bauarten alle mehr oder weniger ähneln. Über die eigentliche Grundlage der Preßluftförderung sind die Ansichten noch geteilt. Vielfach wird die Meinung vertreten, daß Staub und Luft in der Rohrleitung ein gleichmäßiges Gemisch bilden, das ähnlich wie Wasser fließt. Andere sind der Ansicht, daß Luft und Staub mehr in einzelnen Pfropfen durch die Leitung gehen, ähnlich wie Wasser mit Luft durch ein Glasröhrchen. Nach dem pulsierenden Austreten des Staubstrahles aus der Leitung, auch bei Düsenförderung, kann man dieser Ansicht eine gewisse Berechtigung nicht absprechen.

Abb. 51. Fuller-Kinyon-Kohlenstaubpumpe. (Claudius Peters, Hamburg) *(13)*.

An der Verbrauchsstelle wird allgemein der Staub nochmals in einem Vorratsbunker abgeschieden. Die Trennung von Staub und Luft erfolgt nach dem Austreten des Staubstrahles aus der Leitung ohne Schwierigkeiten. Immerhin enthält die Abluft noch ein bis mehrere Prozent der geförderten Staubmenge. Bei kleinen Anlagen führt man diese Abluft einfach in die Feuerung, bei größeren muß man zur Staubabscheidung nach einem der üblichen Verfahren greifen.

2. Die Verbrennungsgrundlagen.

Der Besprechung ausgeführter Staubfeuerungen soll eine ausführliche Betrachtung über den Verbrennungsvorgang vorausgeschickt werden. Staub ist auch bei kleinster Körnung ein Körper von meßbarer Größe. Die Verbrennung, das heißt die Oxydation eines festen Körpers durch die Luft, kann nur an seiner Oberfläche erfolgen. Es wird daher jedes Staubkorn eine bestimmte berechenbare Brenndauer haben. Wie schon unter IV. ausgeführt, ist beim Brennstoffkorn von kugeliger oder würfelförmiger Gestalt das Verhältnis Oberfläche zu Volumen $\frac{O}{V} = \frac{6}{d}$ und das Verhältnis Oberfläche zu Gewicht $\frac{O}{G} = \frac{6}{d \cdot \gamma}$.

Trockenbraunkohle von ca. 5000 kcal H_u hat einen theoretischen Luftbedarf von ca. 6 cm³/kg. Bei einem spezifischen Gewicht von 1,2 g/cm³ und der Temperatur $t = 1400^0$ C, sowie einer Luftüberschußziffer $\nu = 1{,}25$ ist das Volumverhältnis Luft zu Brennstoff

$$V = \nu \cdot \frac{V_L \cdot (273 + t)}{V_K \cdot 273} = 1{,}25 \cdot \frac{6000 \cdot 1673}{\frac{1}{1{,}2} \cdot 273} = 55{,}000.$$

Die Volumeinheit der Kohle ist also im Feuerraum unter den angenommenen Verhältnissen von der 55000fachen Luft- bzw. Verbrennungsgasmenge umgeben. Man sieht, daß es der Luft gar nicht leicht gemacht ist, an den Brennstoff heranzukommen, denn der Abstand zweier schwebender Brennstoffteilchen muß danach betragen das $\sqrt[3]{V} = \sqrt[3]{55000} = 38$fache der Kornlänge. Denkt man sich die Verhältnisse entsprechend vergrößert, so würde auf 1 m³ ein Korn von nur 25 mm ∅ entfallen. Es ist leicht einzusehen, daß bei solchen Verhältnissen die Diffusion von Luft und Rauchgasen mit verhältnismäßig großer Geschwindigkeit erfolgen muß und daß sie durch Wirbelung der Flamme sehr stark unterstützt werden kann.

Die Brennzeit hat Dr. Rosin bei 1300° C Kammertemperatur bestimmt zu *(14)*

$$z = \frac{1000}{\left(\frac{O}{\gamma \cdot V}\right)^{1,8}} = \frac{1000 \cdot \gamma^{1,8} \cdot d^{1,8}}{6^{1,8}} = 55,2 \cdot d^{1,8}. \qquad (30)$$

Dabei sind z in Sekunden, die Längen in Millimeter ausgedrückt. Der gewaltige Einfluß der Oberfläche ist an dieser Formel klar zu erkennen, denn eine Kugel vom Durchmesser d und ein Würfel von der Kantenlänge d, welche gleiches Verhältnis $\frac{O}{V}$ haben, haben auch die gleiche Brennzeit, obwohl der Würfel das 1,91fache Kohlengewicht der Kugel umfaßt. Für die Berechnung der Brenndauer bleibt es daher gleichgültig, ob wir das Korn, das durch eine bestimmte Maschenweite geht, als Kugel oder als Würfel ansehen. In Wirklichkeit haben die Staubkörner meist längliche Form und damit bedeutend größeres $\frac{O}{V}$ als Würfel und Kugel. Eine möglichst unregelmäßige Form des Kornes mit großer Oberfläche kann nach vorstehendem nur erwünscht sein, weil bei gleicher Brenndauer ein größeres Kohlengewicht verbrannt werden kann. Die Kugel stellt als Vergleich die ungünstigsten Bedingungen dar.

Seine Berechnungen hat Dr. Rosin ergänzt durch Variationen des Gasgehalts der Kohle. Die dem Versuch zugrunde gelegte Kohle hatte einen Gehalt an Gas und Wasser von 55,8%. Wenn dieser Gehalt an flüchtigen Teilen verbrannt ist, so bleiben 0,442 als Koksgewicht zurück. Die Brennzeit wurde also experimentell bestimmt für diese Verhältnisse. Wenn nun ein anderer Brennstoff c Koksrückstand liefert, so werden sich die Brennzeiten verhalten wie

$$z : z_1 = \frac{1000}{\left(\frac{O}{0,442 \cdot G}\right)^{1,8}} : \frac{1000}{\left(\frac{O}{c \cdot G}\right)^{1,8}} \qquad (31)$$

oder

$$z : z_1 = 0,442^{1,8} : c^{1,8}. \qquad (31\,\mathrm{a})$$

Damit wurden die Kurven in Abb. 52 erhalten. Hoher Aschengehalt hat auf die Brennzeit nur insofern Einfluß, als dadurch der Gasgehalt der Kohle sinkt. Das Wärmebindungsvermögen der Asche ist so gering, daß es in den meisten Fällen außer Betracht bleiben kann.

Da jedem Staubkorn eine bestimmte Brennzeit zugeordnet ist und es auch eine Geschwindigkeit hat, so entspricht diesen ein bestimmter

Brennweg nach der Formel

$$s = z \cdot v. \tag{32}$$

Andererseits berechnet sich bei einem bestimmten Gasquerschnitt q die Geschwindigkeit, wenn V das sekundliche Gasvolumen für x kg und V_1 das für 1 kg Brennstoff bei der herrschenden Temperatur ist:

$$v = \frac{V}{q} = \frac{x \cdot V_1}{q}. \tag{33}$$

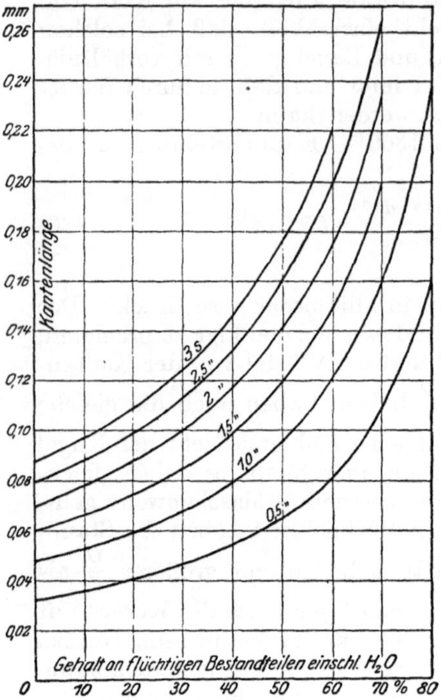

Soll die Größe einer Brennkammer für eine bestimmte Staubleistung berechnet werden, so muß ihr Volumen so groß sein, daß sich das in einer Sekunde entwickelte Gasvolumen trotz des Nachdrängens neuer Verbrennungsgase während der ganzen Brennzeit z in der Kammer aufhalten kann, bei 3 Sekunden also 3fach, allgemein

$$K = z \cdot V = z \cdot v \cdot q \text{ m}^3. \tag{34}$$

Die maximale Belastung der Brennkammer in kcal/cm³/h erhält man aus der Gleichung

$$B = \frac{W}{K} = \frac{x \cdot H_u \cdot 3600}{z \cdot v \cdot q} = \frac{x \cdot H_u \cdot 3600}{z \cdot q \cdot \frac{x \cdot V_1}{q}} = \frac{H_u \cdot 3600}{V_1 \cdot z}. \tag{35}$$

Abb. 52. Brenndauer von Braunkohlenstaub bei 1300° C. *(12)*.

Nach Dr. Rosin ist für feste Brennstoffe ohne hohen Wassergehalt bei Grenztemperatur $\frac{H_u}{V_1}$ konstant $= 94$. Unter Grenztemperatur ist dabei die theoretische Verbrennungstemperatur bei Verbrennung ohne Luftüberschuß und ohne Wärmeabgabe zu verstehen. Mit dem Verhältnis $\frac{H_u}{V_1} = 94$ ergibt sich bei Grenztemperatur

$$B_g = \frac{338\,000}{z} \text{ kcal/m}^3\text{/h}. \tag{36}$$

Wird die Verbrennung ohne Wärmeverlust, jedoch mit Luftüberschuß durchgeführt, so sinkt die Konstante k in der Gleichung $B = \frac{k}{z}$, wie dies Abb. 53 angibt.

Diese Berechnungen galten noch immer für eine verlustlose Verbrennung, daß also der Brennstoff vollständig ausbrennt und auch keine Verluste durch Leitung oder Strahlung auftreten. Die ganze entwickelte Wärme wird in diesem Falle dazu verbraucht, um die Verbrennungsgase auf die Verbrennungstemperatur zu bringen. Nun ist dieser Fall erstens praktisch nicht durchzuführen und zweitens beim Dampfkessel gar nicht erwünscht. Je weiter die Brennkammer gegen den Kessel geöffnet ist, desto mehr Wärme vermag sie an ihn abzustrahlen. Die Feuerraumtemperatur berechnet sich in diesem Falle zu

$$t = \eta \cdot \frac{(1-\sigma)\cdot H_u}{G \cdot c_p}. \tag{37}$$

Darin bedeutet η den Gütegrad der Feuerung, das ist der Quotient

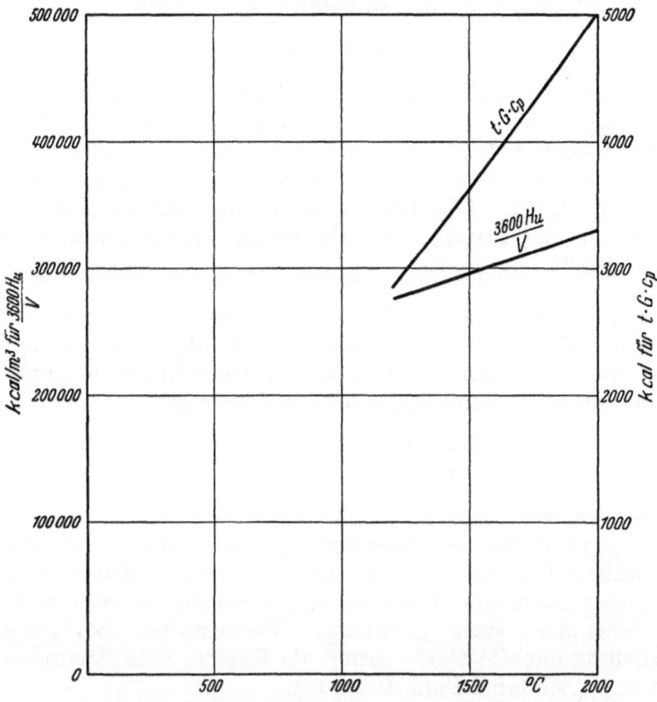

Abb. 53. Grenzbelastung der Brennkammer und Wärmeinhalt der Rauchgase *(14)*.

aus nutzbarer Wärme und zugeführter Brennstoffwärme. Er berücksichtigt die Verluste in der Brennkammer durch Wärmeabgabe an die Außenluft und Aschenwärme.

Der Anteil der Wärme, der durch Strahlung auf die Heizfläche übertragen wird, ist σ.

G bedeutet das Gewicht der Abgase je 1 kg Brennstoff, c_p deren spezifische Wärme bei der Kammertemperatur.

Wird diese Gleichung nach σ aufgelöst

$$\sigma = 1 - \frac{t \cdot G \cdot c_p}{\eta \cdot H_u}. \tag{37a}$$

so ist $t \cdot G \cdot c_p$ der Wärmeinhalt der Verbrennungsgase bei Kammertemperatur. Er kann aus Abb. 53 entnommen werden.

Die abgestrahlte Wärmemenge berechnet sich nach dem Stefan-Boltzmannschen Gesetz zu

$$Q = \frac{F \cdot Z \cdot \left[\left(\frac{T_1}{100}\right)^4 - \left(\frac{T_2}{100}\right)^4\right]}{\frac{1}{C_1} + \frac{1}{C_2} - \frac{1}{C}}. \qquad (38)$$

Als abstrahlende Fläche F wird man die Kammeröffnung gegen die Heizfläche betrachten müssen und da die Wärmestrahlung ein Energietransport ist, gilt auch für sie die Kontinuitätsgleichung

$$Q \cdot q = \sigma \cdot x \cdot H_u. \qquad (39)$$

Der Anteil der Gasstrahlung, der nicht zu vernachlässigen ist, kann noch nicht genau berechnet werden und wird im Werte von 20000—30000 kcal/m²/h der Kammerstrahlung zugeschlagen.

Es muß nun noch unterschieden werden zwischen Kammerbelastung und Wärmedurchsatz. Die Kammerbelastung, das ist die zur Temperaturerhöhung der Rauchgase verbrauchte Wärme, kann den Grenzwert $B_g = \frac{338000}{z}$ nicht überschreiten. Dagegen kann der Wärmedurchsatz, das ist die gesamte, in die Brennkammer eingeführte Brennstoffwärme um den Anteil der Wärmeverluste, der Abstrahlung an die Heizfläche und auch der Verluste durch Unverbranntes größer sein. Der Wärmedurchsatz kann dann maximal betragen

$$W = \frac{3600 \cdot H_u}{V_1 \cdot z} [1 + (1 - \eta) + \sigma + u] \qquad (40)$$

wenn u der Wärmeverlust durch Unverbranntes ist.

Daraus ergeben sich die Möglichkeiten, den Wärmedurchsatz und die Kammerbelastung zu erhöhen. Das wirksamste Mittel ist die Verminderung der Brennzeit durch feinere Ausmahlung oder durch Verwendung besonders stark gashaltiger Brennstoffe. Bei genügender Durchwirbelung hat die Gasfeuerung als Extrem eine Brenndauer von praktisch $= 0$ (Schnabel-Bone-Brenner).

Die Abhängigkeit der Brennzeit von der Temperatur ist noch nicht geklärt. Ihr Einfluß auf B dürfte jedoch nicht groß sein, denn wenn bei höherer Temperatur z kleiner wird, wird V dagegen größer, so daß das Produkt $V \cdot z$ sich in viel geringerem Maße ändern wird als z und möglicherweise sogar im entgegengesetzten Sinne. Mangels anderer Unterlagen wird man daher am besten tun, mit $V \cdot z =$ konst. zu rechnen.

3. Ausführungsformen.

Die bei den ersten Staubfeuerungen dem Kessel einfach vorgebauten Verbrennungskammern können als überwunden gelten. Man hat gelernt, die Temperaturen durch Abstrahlung niedrig zu halten und die anfallenden Schlacken unter ihren Schmelzpunkt zu kühlen. Vor der Ausführung der Brennkammer soll jedoch die Aufgabevorrichtung behandelt werden.

Der Staub wird in einen Vorratsbunker in der Nähe der Feuerung gefördert. In den meisten Fällen legt man diese Bunker über die Feuerungen, um ein Abfließen des Staubes in die Brenner ohne große Luftgeschwindigkeit zu erreichen. Schwierig ist die Kenntlichmachung des Staubstandes in den Bunkern. Bei großen Bunkern ist das Abfühlen mit einem Schwimmkörper genügend. Auch das Einschalten von Lampen durch den Druck des Staubes auf Membranen gibt Anhaltspunkte, doch kann bei Brückenbildung die Einrichtung zeitweise versagen. Bei kleinen Bunkern wurde mit Erfolg durch doppelte Schaugläser das Licht von dahinterstehenden Lampen zur Kenntlichmachung benutzt. Da diese Vorrichtung ein unmittelbares Sehen des Staubstandes ermöglicht, ist sie bei Bunkern, bei denen das Überfüllen gefährlich werden könnte, angebracht. Es muß jedoch durch eine Preßluftzuleitung die Möglichkeit gegeben sein, Brückenbildungen zu entfernen. Nach einem Vorschlag von Dr. Schreiber, Köln, kann bei dieser Vorrichtung durch Anwendung von Selenzellen auch Fernübertragung ermöglicht werden.

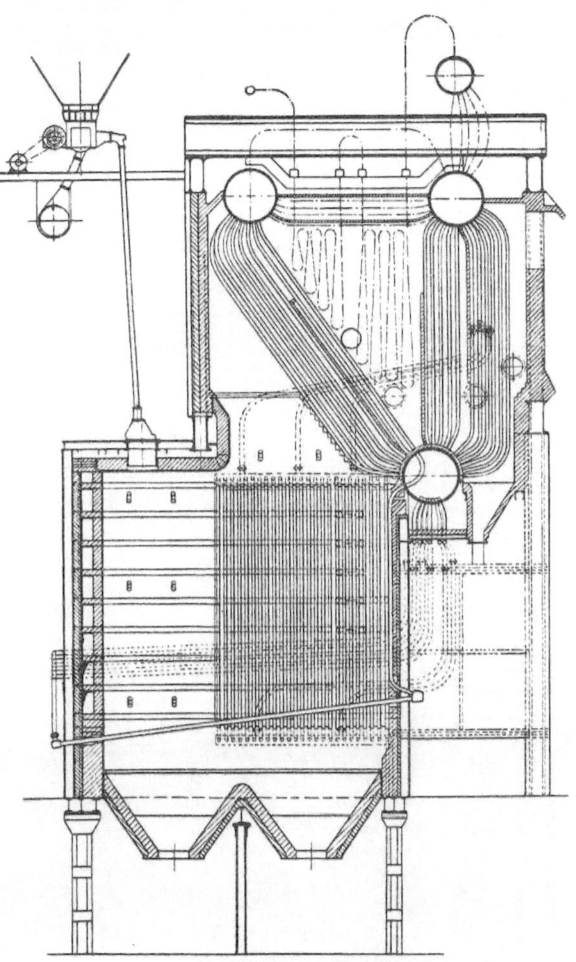

Abb. 54. Steilrohrkessel 1500 m² Heizfläche mit Braunkohlenstaubfeuerung *(12)*.

Die Aufgabe des Staubes erfolgt durch Schnecken, welche genügend lang sein müssen, um ein Durchschießen des Staubes beim Einstürzen von Brückenbildungen zu vermeiden. Die Schnecken werden gegen den Auslauf zu mit abnehmender Steigung ausgeführt, um eine volle Beaufschlagung des Schneckenganges zu erzielen und dadurch Flackern der Staubflamme zu vermeiden. Am Auslauf der Schnecke wird die

Primärluft, etwa 25% der Verbrennungsluft, zugegeben, die den Staub zum Brenner führt. Jeder Bunkerauslauf muß durch einen dichtschließenden Schieber von der Schnecke getrennt werden können. Bei großen

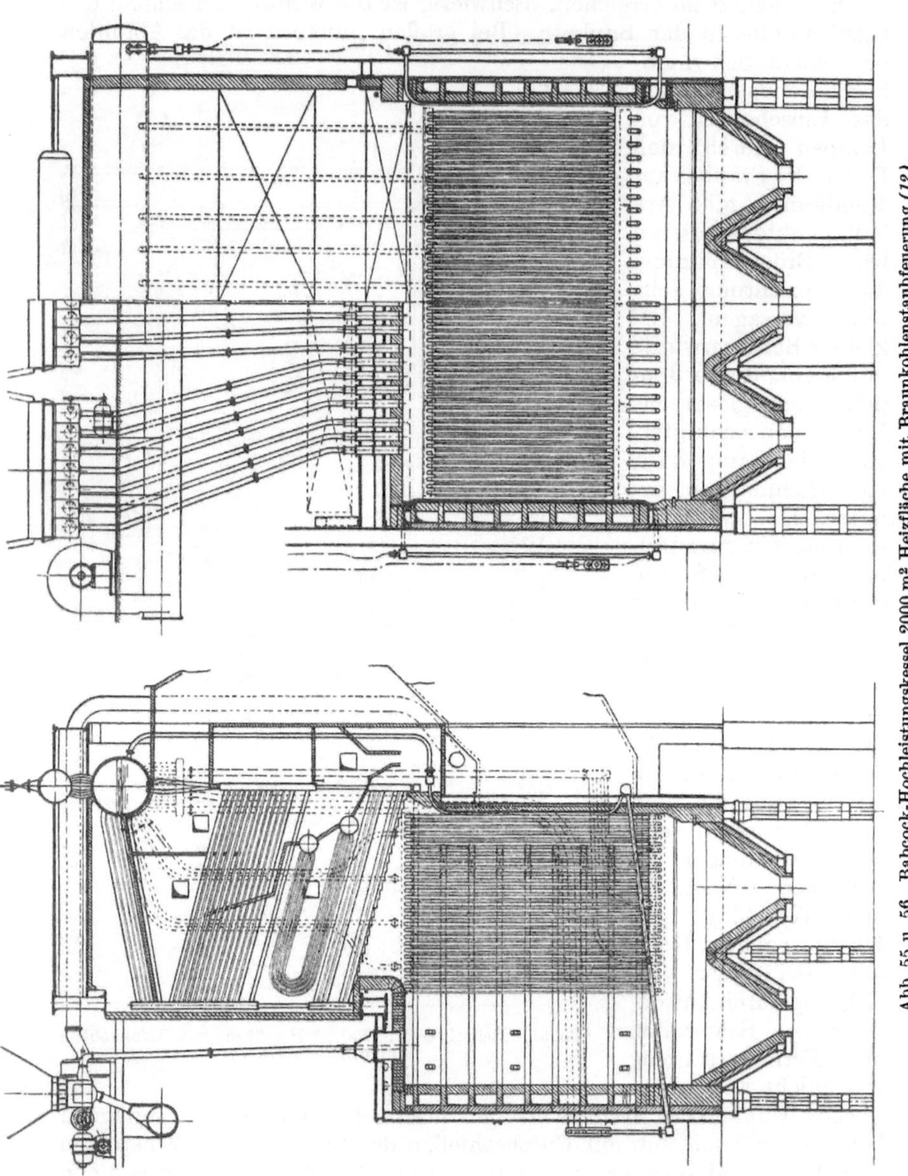

Abb. 55 u. 56. Babcock-Hochleistungskessel 2000 m² Heizfläche mit Braunkohlenstaubfeuerung *(12)*.

Feuerungen mit vielen Brennern kann man die Leistung durch Abschalten einzelner Brenner regeln. Man sieht jedoch trotzdem häufig eine Regelung durch Tourenverstellung des Antriebmotors oder durch

Reibräder vor. Bei doppelseitigem Antrieb oder geteilten Bunkern ist es vorteilhaft, jeden zweiten Brenner auf die andere Kammerhälfte anzuschließen, um auch bei Störungen eine gleichmäßige Brennerverteilung einhalten zu können. Für die Brenner selbst gilt der Satz, je einfacher, desto besser. Sie haben eine schmale Form, um eine Flamme mit großer Oberfläche bilden zu können. Die an den Brennern befindlichen Sekundärluftklappen dienen mehr als Schaulöcher, da bei dem geringen Unterdruck in der Brennkammer die angesaugte Luft gerade noch ausreicht, um das Brennermaul zu kühlen.

Sowohl mit Rücksicht auf die Haltbarkeit des Mauerwerks, als auch wegen der großen Heizflächenleistung der bestrahlten Rohre, ist man nach wenigen unzureichenden Ausführungen dazu gekommen, die Brennkammern weitgehend zu kühlen durch den Einbau von Heizflächen. Man versieht die beiden Seitenwände und die Vorder- oder Rückwand mit Siederohren, ebenso wird der Aschentrichter durch einen sogenannten Kühlrost abgeschlossen. Es bleibt dann nur die Decke ungeschützt und die Vorder- oder Rückwand, durch welche die erforderliche Sekundärluft eingeführt wird. Die Kühlrohre können auch noch mit Längsrippen versehen sein, welche die Wärmeaufnahme je Quadratmeter wasserberührter Heizfläche erhöhen. Sie schützen das dahinterliegende Mauerwerk vor zu hoher Temperatur. Der Schlackenkühlrost hat die Aufgabe, die aus der Flamme ausfallende Schlacke durch Strahlungsaufnahme so weit zu kühlen, daß ein Zusammensintern im Aschentrichter nicht mehr möglich ist. Sämtliche Kühlrohrsysteme werden in den Wasserumlauf des Kessels eingeschaltet. Die Ausführung eines 1500 m^2-Kessels zeigt Abb. 54, die eines 2000-m^2-Kessels Abb. 55 und 56. Bei diesen Ausführungen wird mit Flammenumkehr gearbeitet.

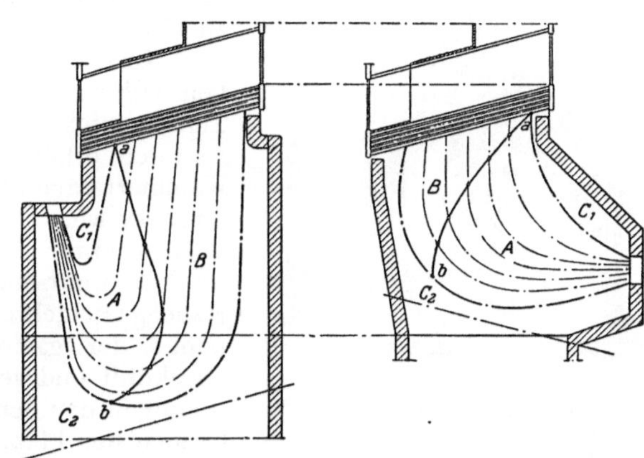

Abb. 57. Brennkammer mit Flammenumkehr und Brennkammerausbildung nach Haack *(15)*.

Gegen diese Bauart wendet sich Haack *(15)* und weist nach, daß sämtliche Stromfäden der Flamme nicht zu gleicher Zeit an der Heizfläche anlangen und daß daher der berechnete Brennweg nur für den mittleren Stromfaden zutrifft. Wenn man unter Vernachlässigung der stark beeinflussenden Sekundärluftzuführung die Flammenbildung bei Umkehr als Wurfparabel auffaßt, so findet man, daß bei gleichen Einblasewinkel α und gleicher Anfangsgeschwindigkeit v_0 die einzelnen Flammenfäden wieder auf der Höhe der Einblasestelle ankommen nach

Zeiten, welche der Scheitelhöhe der Wurfparabeln proportional sind. Die Brennkammerausführung Haacks nach Abb. 57 erreicht daher tatsächlich eine gleichmäßigere Brenndauer für alle Stromfäden.

Während man früher durch Kühlung der Brennkammerwände durch die Sekundärluft die Haltbarkeit des Steinmaterials erhöhen mußte, muß bei einer durch Rohre gekühlten Kammer die Luft im Rauchgas-Luftvorwärmer hoch vorgewärmt werden, um die notwendige Verbrennungstemperatur zu erzielen. Solange noch vollkommene Verbrennung möglich ist, besteht kein Grund, die Temperatur höher zu halten. Diese untere Grenze hat Dr. Rosin für Braunkohlenstaub zu 1100 °C bestimmt. Wenn man nun den Kessel auch mit Teillast betreiben will, so darf diese Grenze auch bei Teillast nicht unterschritten werden. Dadurch erhöht sich bei Vollast die Kammertemperatur weit über die untere Grenze. Sinkt die Kammertemperatur unter die untere Grenze, so werden wahrscheinlich die äußeren Rauchgasschichten unter den Zündpunkt der gasförmigen Bestandteile abgekühlt und gehen zum Teil unverbrannt in den Schlot. Ein ganzes Verlöschen der Flamme ist bei dem sehr gashaltigen Braunkohlenstaub selbst bei ganz kaltem Kessel nicht möglich, sonst würde es nicht gelingen, die Flamme mit einer Lunte zu entzünden und zum Anwärmen des Kessels am Brennen zu halten. Wie weit man in dem Bestreben der direkten Wärmeübertragung durch Strahlung gehen kann, zeigt der Lopulco-Strahlungskessel Abb. 58. Auch eine andere, schon seit Jahren bestehende Spezialausführung, der Bettington-Kessel, darf nicht vergessen werden, bei dem alle Hauptfragen der Staubfeuerung zu einer Zeit gelöst waren, wo sie sonst noch gar nicht Eingang gefunden hatte in den Dampfkesselbetrieb.

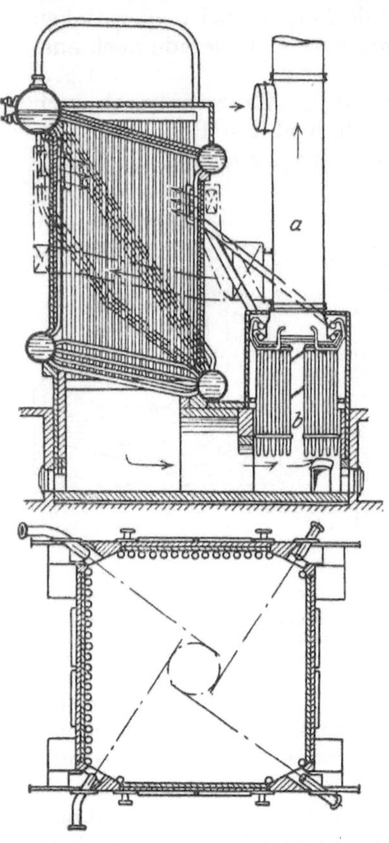

Abb. 58. Strahlungskessel der Combustion Eng. Corp *(16)*.

4. Betriebsergebnisse.

Die Vermahlung der Braunkohle ist technisch noch bei höherem Feuchtigkeitsgehalt möglich, als wirtschaftlich ist. Auch die Trocknung macht nur wenig Schwierigkeiten. Heikler dagegen ist die Staubförderung. Hat der Staub zu hohe Temperatur, so tritt beim nachherigen Erkalten im Bunker Kondenswasserbildung auf, welches die Förderwege verschmieren kann. Im allgemeinen ist etwas Wasser im Bunker nicht gefährlich, wenn man die Möglichkeit hat, es vor dem Fördern abzulassen. Besonders bei Beförderung im Kesselwagen kann man gelegentlich das Wasser eimerweise abzapfen. Da es sich mit dem Staub nicht mischt, ist die Gefahr des Verschmierens gering. Es gelingt sogar oft, ein ganz klares Wasser abzuziehen. Das wäre also die erste Forderung vor dem Fördern: Wasser ablassen, dann Kessel nachsehen, ob nicht Brandnester vorhanden sind. Diese kann man leicht am Geruch feststellen. Im Winter kommt es auch vor, daß das Kondenswasser im Behälter gefriert. Dann hilft, da Auftauen selten möglich ist, nichts, als auf irgendeine Art das Eis zu zerklopfen und mit dem Staub wegzufördern. Geringe Wassermengen, welche durch die Preßluft oder auf andere Weise eingeführt werden können, sind belanglos, da sich in der Förderleitung der Staub durch die Reibung auf etwa 40° C erwärmt und die warme Luft das Wasser leicht aufnehmen kann. Die äußerste Grenze für die Förderbarkeit feuchten Staubes mittels Staubpumpen liegt bei 20% Wassergehalt. Bei Düsenförderung konnte sogar Staub von 40% Wasser noch ohne Störungen gefördert werden.

Beim Abziehen des Staubes aus den Kesselbunkern mittels Zuteilschnecken ist der Feuchtigkeitsgehalt bis 30% zu verarbeiten, wenn der Staub nicht lange gelagert hat. Bei mehr als 22% Feuchtigkeit fängt der Staub jedoch an, Klümpchen zu bilden, welche unverbrannt durch den Kessel hindurchgehen. Eine wirtschaftliche Verfeuerung solchen Staubes ist dann nicht mehr möglich.

Eine unangenehme Erscheinung bildet die Neigung des Staubes zu Brückenbildung, welche mit der Feinheit zunimmt. Gewöhnlicher Kohlenstaub zeigt gute Fließeigenschaften. Dagegen bleibt der feine Filterstaub der Brikettfabriken oft in meterhohen, überhängenden Wänden stehen. Um ein dauerndes Zufließen solchen Staubes zu den Schnecken zu erreichen, ist das Einblasen von wenig Preßluft angezeigt. Aber auch bei diesem Einblasen zeigen sich störende Erscheinungen. Die in der Schnecke befindliche Staubsäule und die im Bunker stehende bilden zwei verschiedene Widerstände für die Preßluft. Ist der Bunkerstand hoch, so kann die Preßluft diese statische Höhe nicht überwinden, macht den Staub stark flüssig und bringt übergroße Mengen zum Durchfließen durch die Schnecken. Ist jedoch der Bunkerstand niedrig, so kann die Preßluft seine statische Höhe überwinden und geht ohne starke Verflüssigung des Staubes hindurch. Die Schnecken bekommen dann trotz des starken Einblasens zu wenig Staub. Dieser Übergang vollzieht sich ziemlich plötzlich bei einem bestimmten Bunkerstand. Das Einblasen von Preßluft ist daher auch keine ideale Methode. Es darf auch nicht vergessen werden, beim Abstellen der Feuerung die Preßluft abzustellen, da sie sonst andauernd Staub durch die stillstehende Schnecke hindurchblasen würde.

Ähnlich liegen die Verhältnisse bei den ebenfalls öfter als Aufgabevorrichtung angewandten Zellenrädern, doch sind diese sowohl gegen Unterschiede in der Feinheit als auch in der Feuchtigkeit viel empfindlicher. Es kann dabei vorkommen, daß sich die Nuten mit brikettartig zusammengepreßtem Staub vollsetzen und so stark bremsend wirken, daß Brüche im Antrieb auftreten.

Eine besondere Aufgabevorrichtung ist von der Fuller-Lehigh-Company für kleine Brenner ausgebildet worden. Sie verwendet eine Preßluftdüse, welche eine genaue Regelung in weiten Grenzen gestattet. Die Ausführung zeigt Abb. 59.

Eine Drehzahlveränderung der Schnecken wird fast stets vorgesehen, obwohl sie bei großer Düsenzahl auch durch Abschalten einzelner Schnekken ersetzt werden kann. Man kann zur Drehzahlregelung verwenden:

Abb. 59. Preßluft-Aufgabevorrichtung der Fuller-Lehigh Company.

1. Reibrädergetriebe, die beliebige Drehzahlen einzustellen gestatten;
2. Zahnradgetriebe, die nur einige bestimmte Drehzahlen zulassen;
3. Riemenkonusgetriebe, die dem Reibradantrieb im Regelbereich nachstehen;
4. regelbare Gleichstrommotore, welche den idealsten Antrieb darstellen, sofern Gleichstrom aus einer sicheren Stromquelle zur Verfügung steht;
5. regelbare Drehstrommotore;
6. Übersetzung mit Flüssigkeitsgetriebe.

Da als Primärluft nur etwa 20% der Verbrennungsluftmenge eingeführt werden, ist es nicht notwendig, bei Änderung der Staubmenge auch diese Luftmenge zu ändern. Die Änderung geschieht auf der Sekundärluftseite.

Bei stark ausgebildeter Strahlungsfläche ist es notwendig, die Verbrennungsluft vorzuwärmen. Die Vorwärmung geschieht in Rauchgas-Lufterhitzern, die hinter den Kessel geschaltet werden. Ist ein Speisewasservorwärmer vorhanden, so wird dieser gewöhnlich in die höhere Temperaturzone gelegt, da der Luftvorwärmer billiger gebaut werden kann. Wird jedoch bei neueren Kraftanlagen das Kondensat durch Anzapfdampf schon fast auf Kesseltemperatur angewärmt, so bietet der Luftvorwärmer überhaupt die einzige Möglichkeit, die Rauchgaswärme noch auszunutzen.

Die Regelung eines Kohlenstaubkessels auf Leistung geschieht durch Zu- oder Abschalten von Düsen bzw. durch Drehzahländerung der Schnecken. Der CO_2-Gehalt wird durch die Menge der Sekundärluft geregelt. Der Zug wird so eingestellt, daß am oberen Teil des Feuerraumes noch 1—2 mm Unterdruck bleiben. Diese einfachen Beziehungen ermöglichen auch eine einfache automatische Regulierung.

Geht man mit der Temperatur nahe an den Schlackenschmelzpunkt bzw. den Erweichungspunkt des feuerfesten Mauerwerks, so empfiehlt sich auch eine Überwachung der Brennkammertemperatur. Selbstverständlich darf beim Arbeiten mit so geringem Luftüberschuß auch der CO-Anzeiger nicht fehlen.

Ein noch ungelöstes Problem ist die Abscheidung der Flugasche, denn es gehen fast ⅔ vom Aschengehalt der Kohle durch den Schornstein und diese Flugasche kann in der Umgebung zu argen Belästigungen führen. Da auch die behördlichen Bestrebungen auf eine Verschärfung der bestehenden Vorschriften hingehen, sollte diese Frage bei der Projektierung nicht vernachlässigt werden. Aus den Elektrofiltern

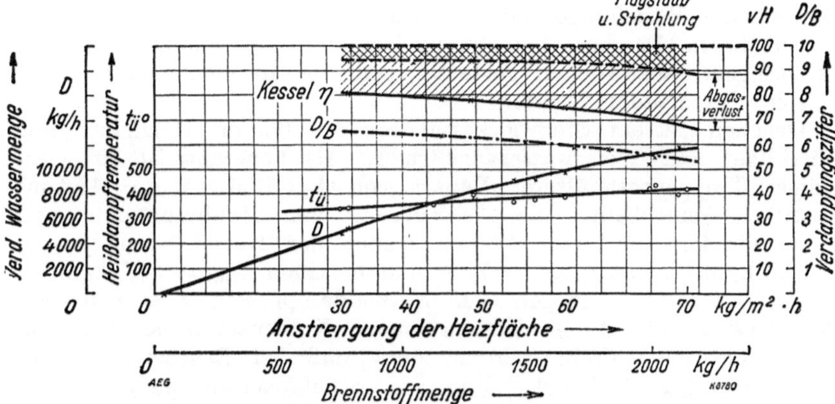

Abb. 60. Versuchsergebnisse der ersten Versuchslokomotive mit Braunkohlenstaubfeuerung der AEG.

dürfte sich eine zuverlässige, wenn auch kostspielige Aschenabscheidung enwickeln lassen. Die Nachteile des Elektrofilters bestehen in der Verwendung hoher Spannung mit ihren empfindlichen Durchführungsisolatoren und in der Bedingung einer mäßigen Gasgeschwindigkeit. Die Reinigung kann bei reichlicher Bemessung bis auf etwa 3% des ursprünglichen Staubgehaltes getrieben werden.

Nach allgemeiner Einführung des Granulierrostes macht die Entaschung der Brennkammer keine Schwierigkeiten mehr, da die Schlacke wirklich körnig anfällt. Man darf nur die Flamme nicht bis unter den Kühlrost herunterziehen und so die ausgefallene Schlacke nochmals zum Schmelzen bringen.

Nach langwierigen Versuchen ist es der AEG gelungen, für Lokomotivkessel eine Kohlenstaubfeuerung zu schaffen, bei welcher mit Braunkohlenstaub ein Wärmedurchsatz bis 500000 kcal/m³/h bei Heizflächenleistungen bis 70 kg/m²/h erzielt wurde. Abb. 60 zeigt die bei Versuchen aufgenommenen Kurven. Der Vorteil der Kohlenstaubfeuerung im Lokomotivbetrieb liegt in der leichten Anpassungsfähigkeit an den sehr schwankenden Dampfbedarf, wodurch die Ablaseverluste stark vermindert werden. Die Versuche zur Einführung der Braunkohlenstaubfeuerung in den Lokomotivbetrieb werden von allen interessierten Seiten eifrig fortgesetzt.

VIII. Die Kohlenstaubzusatzfeuerung.

1. Der Brennstoff.

Der Gedanke, eine Rostfeuerung durch Einführen einer Staubflamme leistungsfähiger zu machen, ist einfach. Um so schwieriger ist seine Umsetzung in die Praxis. Die Vereinigung zweier so wesensfremder Vorgänge bedingt natürlich gegenseitige Einwirkungen, die zum Teil erwünscht, zum anderen Teil unerwünscht sind. Dem Geschick des Projektierenden muß es daher überlassen werden, erstere zu verstärken und letztere soweit zu dämpfen, daß sie die Verbrennungsvorgänge nicht stören. Nach den bei dem Treppenrost und der reinen Staubfeuerung angestellten Überlegungen und unter Benutzung der in II gegebenen Beziehungen ist es möglich, eine solche Feuerung richtig zu berechnen. Da diese Berechnung fast alle wichtigen Überlegungen nutzbringend anzuwenden gestattet, soll sie an einem praktischen Beispiel durchgeführt werden.

Gegeben ist ein Steilrohrkessel von $h = 650$ m² Heizfläche mit Überhitzer und Speisewasservorwärmer. Als Feuerung ist ein vierteiliger Treppenrost älterer Bauart von $4 \times 1{,}85 \times 6$ m $= 44{,}4$ m² Rostfläche eingebaut. Bei Verfeuerung von Rohbraunkohle von $H_u = 2000$ kcal und 60% Wasser leistet der Kessel normal $l_{\text{norm}} = 28{,}5$ kg/m²/h mit $\eta_{\text{norm}} = 79\%$ und maximal $l_{\max} = 36{,}3$ kg/m²/h bei $\eta_{\max} = 77\%$, bezogen auf Normaldampf von $J = 640$ kcal. Der Kessel soll durch Einbau einer Kohlenstaubzusatzfeuerung in der Leistung erhöht werden, ohne daß bei Rostbetrieb allein der Wirkungsgrad leidet. Für die Staubfeuerung steht Braunkohlenstaub von 13% Wasser und $H_u = 5000$ kcal zur Verfügung, mit einem Rückstand von 1% auf 900, 3% auf 2500, 6% auf 4900, 9% auf 6400. Der Feuerraum darf umgeändert werden, wenn die Umänderung keine allzuhohen Kosten erfordert. Rascher Verschleiß des Mauerwerks durch die Staubflamme ist zu vermeiden. Die Feuerung, wie sie vor dem Umbau ungefähr aussah, zeigt Abb. 15. Das Volumen der Brennkammer beträgt $V_r = 74$ m³, ihre Öffnung gegen den Kessel $F_r = 18{,}5$ m² bei einer Neigung von 30° gegen die Horizontale. Die Kammertemperatur bei Maximalleistung sei zu 970° C gemessen. Für die Rechnung muß eine Annahme getroffen werden, entweder die Brennkammertemperatur oder die Kesselleistung. Wir entscheiden uns für letztere und nehmen an, daß die Maximalleistung des Kessels von 36,3 kg/m²/h um 50% auf 54,5 kg/m²/h erhöht werden soll. Es ist selbstverständlich, daß diese Leistung noch ohne nennenswerte Verluste durch unverbrannte Gase erreicht werden muß. Bei der hohen Leistung wird schon durch den Verlust an Flugkoks eine reichliche Senkung des Wirkungsgrades eintreten.

In der betrachteten Feuerung vor dem Umbau ist der Wärmedurchsatz der Brennkammer

$$W = \frac{h \cdot l_{\max} \cdot J}{\eta_{\max} \cdot V_r} = \frac{650 \cdot 36{,}3 \cdot 640}{0{,}77 \cdot 74} = 265000 \text{ kcal/m}^3\text{/h},$$

oder für die ganze Brennkammer 19600000 kcal/h.

Bei 1,5fachem Luftüberschuß wäre nach Abb. 8 der Wärmeinhalt der Rauchgase 440 kcal und damit aus Abb. 9 und 10 die theoretische Verbrennungstemperatur 1212 °C. Die abgestrahlte Wärmemenge ist bei einer Heizflächentemperatur von 200 °C

$$Q = \frac{F_r \cdot \left[\left(\frac{T_1}{100}\right)^4 - \left(\frac{T_2}{100}\right)^4\right]}{\frac{1}{C_1} + \frac{1}{C_2} - \frac{1}{C}} = \frac{18{,}5 \cdot (12{,}43^4 - 4{,}73^4)}{\frac{2}{4{,}3} - \frac{1}{4{,}9}} = \frac{18{,}5 \cdot (24000 - 500)}{0{,}262}$$

$$= 1660000 \text{ kcal/h}.$$

Rechnet man mangels eines festen Anhaltspunktes noch 100 % für Gasstrahlung, so sind bei einem Gütegrad von $\eta = 96\,\%$

$$\frac{0{,}96 \cdot 19600000 - 2 \cdot 1660000}{19600000} = 0{,}79$$

der zugeführten Wärme zur Erwärmung der Rauchgase verfügbar. Mit diesen $0{,}79 \cdot 440 = 347$ kcal/m³ nimmt die Brennkammer eine Temperatur von 975 °C an; würde das Ergebnis mit der Annahme nicht übereinstimmen, so müßte die Rechnung wiederholt werden.

Die Brennkammerbelastung beträgt daher $B_r = 0{,}79 \cdot 265000 = 201000$ kcal/m³/h. Unter diesen Umständen besteht keine große Aussicht, die Brennkammer um ca. 50 % auf ca. 312000 kcal/m³/h überlasten zu können, da dies schon über der zulässigen Belastung liegt. Es bleiben also nur zwei Möglichkeiten, entweder die Abstrahlung soweit zu erhöhen, daß die Brennkammerbelastung den Höchstwert nicht überschreitet, oder den Feuerraum zu vergrößern. Eine Verstärkung der Abstrahlung ist kaum möglich, da sonst bei Rostbetrieb mit Normalleistung der Feuerraum zu wenig Temperatur hätte und der Rost nicht mehr gleichmäßig brennen würde. Es bleibt also nur die Vergrößerung der Brennkammer.

Die Rostleistung kann auch durch die Staubflamme nicht mehr nennenswert gesteigert werden. Die Mehrleistung muß daher allein mit Staub aufgebracht werden. Nehmen wir vorläufig an, daß die Leistung von 54,5 kg/³m/h mit einem Wirkungsgrad von 75 % erreicht werden soll, dann sind stündlich zu verfeuern

$$\frac{650 \cdot 36{,}3 \cdot 640}{2000 \cdot 0{,}75} = 10000 \text{ kg Rohkohle}$$

und

$$\frac{650 \cdot 18{,}2 \cdot 640}{5000 \cdot 0{,}75} = 2000 \text{ kg Kohlenstaub}.$$

Für die Rechnung bleibt es dasselbe, wenn wir statt dessen mit einer Verfeuerung von 12000 kg eines ideellen Brennstoffes von $H_u = 2500$ kcal rechnen.

Bei dem 1,5 fachen der theoretischen Luftmenge ist bei diesem ideellen Brennstoff der Wärmeinhalt eines Kubikmeter Gas 0 °/760 = 471 kcal, die Rauchgasmenge = 5,05 m³/kg 0 °/760, und die Kammertemperatur bei verlustloser Verbrennung 1310 °C. Bei 96 % Gütegrad hat der Kubikmeter Gas nur noch 453 kcal, dem eine Flammentemperatur von 1260° C entsprechen würde.

Da mit Rücksicht auf die Rostfeuerung die Kammeröffnung nicht vergrößert werden soll, ist die Abstrahlung unter Annahme einer Feuerraumtemperatur von 1080° C

$$Q = \frac{18{,}5 \cdot (13{,}53^4 - 4{,}73^4)}{0{,}262} = 2\,000\,000 \text{ kcal/h}.$$

Aus dem früheren berechnet, ist der Brennkammerdurchsatz

$$\frac{19\,600\,000 \cdot 1{,}5 \cdot 0{,}77}{0{,}75} = 30\,300\,000 \text{ kcal/h}.$$

Wegen erhöhter Flugkoksverluste soll der Gütegrad 94% betragen, dann ist die verfügbare Wärme

$$\frac{0{,}94 \cdot 30\,300\,000 - 2 \cdot 2\,000\,000}{30\,300\,000} = 0{,}81\,.$$

Dieser Wärmemenge von $0{,}81 \cdot 471 = 380$ kcal/m³ entspricht eine Feuerraumtemperatur von 1080° C, wie angenommen.

Das wirkliche Volumen der Verbrennungsgase bei dieser Temperatur ist

$$V_s = \frac{5{,}05 \cdot (1080 + 273)}{273} = 25 \text{ m}^3\text{/kg Brennstoff}$$

und die Brennkammerbelastung

$$B_s = \frac{H_u \cdot 0{,}81 \cdot 3600}{V_s \cdot z} = \frac{291\,000}{z}\,.$$

Die maximal zulässige Belastung wäre

$$B_{s\,\max} = \frac{H_u \cdot 3600}{V_s \cdot z} = \frac{2500 \cdot 3600}{25 \cdot z} = \frac{360000}{z};$$

die tatsächliche Kammerbelastung ist

$$B = \frac{h \cdot l_s \cdot J}{\eta_{\max} \cdot V} \cdot 0{,}81.$$

Setzt man dieses B für den Grenzfall $= B_s$, so erhält man das Kammervolumen

$$V = \frac{h \cdot l_s \cdot J}{\eta_{\max} \cdot B_s} \cdot 0{,}81 = \frac{650 \cdot 54{,}5 \cdot 640}{0{,}75 \cdot 291\,000} \cdot z \cdot 0{,}81 = 84 \cdot z.$$

Nimmt man die Brennzeit für 0% Rückstand auf dem 900-Maschensieb, entsprechend dem 2500-Maschensieb zu 2 sek. an, so müßte die Brennkammer ein Volumen von 168 cbm bekommen. Ein derartiger Umbau ist bei gegebenen Verhältnissen kaum möglich. Begnügt man sich mit $z = 1$, entsprechend dem 4900-Maschensieb, so kann man mit 84 cbm Feuerraum auskommen. Dabei gehen jedoch die Körnungen unter 4900, die nach der Annahme 6% der ganzen Staubmenge ausmachen, zum Teil unverbrannt fort. Tatsächlich beginnt schon etwa 20% unter der Höchstlast der $CO + H_2$-Zeiger auszuschlagen und geht bei Erreichung der Grenzlast auf sehr hohe Verlustanzeige. Danach dürfte also die Brennzeit, die experimentell für 1300° C bestimmt wurde, bei 1080° etwas länger sein. Darüber fehlen leider noch Messungen.

Die Ausführung der Brennkammer von 84 m^3 Inhalt ist durch Tieferlegen des Rostes um ca. 500 mm möglich. Abb. 61 zeigt die durch den Umbau aus Abb. 15 entstandene Anlage. In der Abstrahlungsfläche entspricht sie jedoch nicht der Rechnung, denn die Kammeröffnung ist von 18,5 auf 8,2 m^2 verengt worden, in der Absicht, der Flamme eine gute Führung zu geben. Man hat dabei allerdings nicht beachtet, daß in diesem Querschnitt die Gasgeschwindigkeit nun schon bei Normallast ca. 5 m/sek. und bei Spitzenlast ca. 10 m/sek. beträgt. Nach Abb. 25 läßt sich leicht berechnen, bis zu welcher Korngröße der Flugkoks mitgerissen wird. Die Verluste waren auch wirklich so groß, daß gegenüber dem früheren Zustand eine merkliche Absenkung des Wirkungsgrades eintrat. Unter Ausnutzung aller hinter dem ersten Rohrbündel liegenden zusätzlichen Verbrennungsräume war es wohl möglich, die geforderte Spitzenleistung zu erreichen, jedoch nicht mit dem gewünschten Wirkungsgrad.

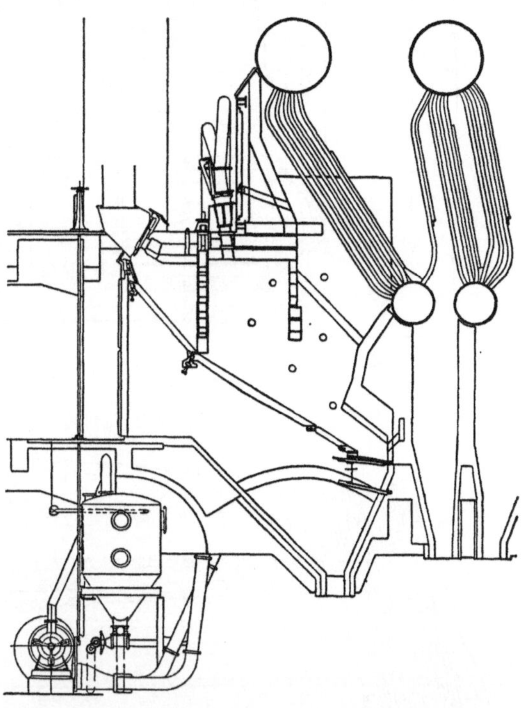

Abb. 61. Treppenrostfeuerung mit Braunkohlenstaub-Zusatzfeuerung an einem Babcock-Steilrohrkessel *(17)*.

Ein derart großer Feuerraum, wie er nach dieser Rechnung erforderlich wäre, läßt sich bei der angenommenen Ausführung nur unter hohen Umbaukosten verwirklichen. Wäre die Feuerung ursprünglich nach Abb. 28 gebaut worden, so wäre der benötigte Brennkammerinhalt beinahe vorhanden.

2. Ausführungsformen.

Die in Abb. 61 gezeigte Ausführung gibt eine auf Kohlenstaubzusatz umgebaute Treppenrostfeuerung wieder. Mit Rücksicht auf die große Feuergefährlichkeit des Kohlenstaubes hat man die Staubbunker in den Aschenkeller gelegt. Die Feuerung besteht aus vier Einzelrosten, zu jedem ist auch ein Staubbunker vorgesehen. Ein Elektromotor treibt über ein Zahnradvorgelege mit Hilfe von Reibscheiben die vier einzelnen Aufgabeschnecken an. Die gesamte Ein-

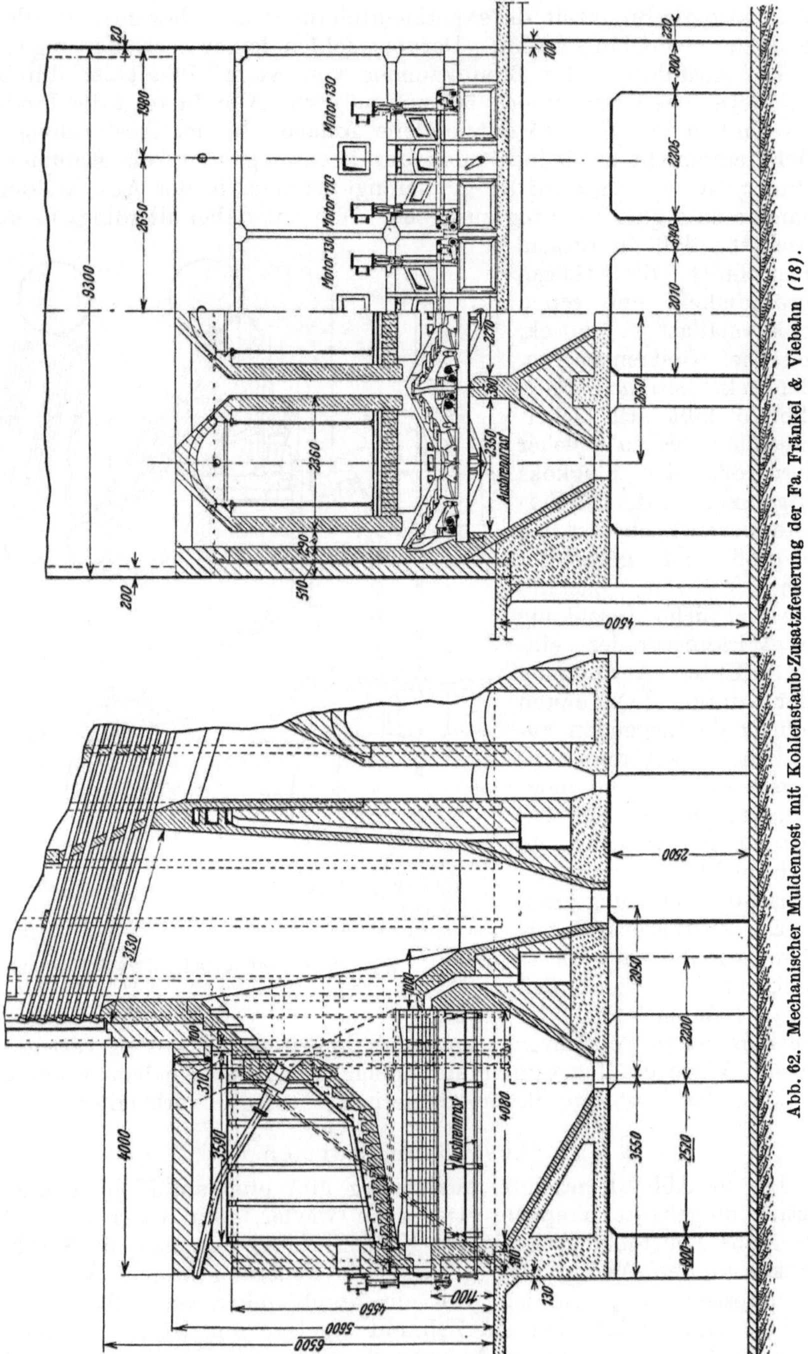

Abb. 62. Mechanischer Muldenrost mit Kohlenstaub-Zusatzfeuerung der Fa. Fränkel & Viebahn (78).

blaseluft wird von einem motorgetriebenen Ventilator geliefert, durch einen Drosselschieber geregelt und dann in vier Rohrleitungen verteilt in welche die Schnecken auch den Staub einwerfen. In je zwei Rohrleitungen zu jeder Seite des Kessels wird dieses Staubluftgemisch zwei Stockwerke hoch geführt und durch je eine Düse von oben in die Feuerung über den Rost eingeblasen.

Bei einer anderen Bauart wird der Staub von rückwärts über den Planrost eingeführt. Dabei wird man die Einblaseleitungen oft quer durch die Aschentrichter führen müssen und kann die Düsen selbst nicht überwachen.

Der Einbau der Staubzusatzfeuerung ist fast bei jeder Feuerungsart möglich, bei festen wie auch bei beweglichen Rosten. Eine solche Staubzusatzfeuerung an einem mechanischen Muldenrost zeigt Abb. 62. Die Feuerung wurde schon vom Entwurf an mit Rücksicht auf die Staubzusatzfeuerung ausgearbeitet und hat daher reichlichen Feuerraum. Eine direkte Beeinflussung von Rost und Staubflamme ist hier gar nicht mehr möglich, da die Flamme nicht mehr an dem Rost vorbeigeführt wird.

3. Betriebsergebnisse.

Messungen an einer nach Abb. 61 ausgeführten Feuerung ergaben die in Abb. 63 dargestellten Beziehungen zwischen Heizflächenleistung, Wirkungsgrad, Kohlen- und Staubmenge. Praktisch kann allerdings das Verbindungsstück zwischen den Scheitelpunkten der beiden Wirkungsgradkurven nicht ausgenutzt werden, weil sich dabei eine zu geringe Einblasegeschwindigkeit und ein Zurückkriechen der Flamme in die Düse einstellen würde. Bemerkenswert ist der steilabfallende Ast der Kurve für den Rohkohlendurchsatz bei Staubbetrieb. Er besagt, daß von einer gewissen Grenze an, die etwa der Maximalleistung des Rostes ohne Staubzusatz entspricht, die Mehrleistung ausschließlich durch Staub aufgebracht werden muß.

Bei dem nachträglichen Einbau der Kohlenstaub-Zusatzfeuerung steht selten Platz für einen genügend großen Feuerraum und für große Staubbunker zur Verfügung. Daher wird man sich oft mit mäßiger Leistungserhöhung und mit kleinen Staubbunkern begnügen müssen. Im letzteren Fall bringt das häufige Nachfördern eine dauernde Beunruhigung in die Feuerführung, da je nach dem Bunkerstand der Druck auf den Bunkerauslauf verschieden ist und die Schnecken wechselnde Staubmengen fördern.

Es ist schon erwähnt worden, daß bei geringen Zusatzmengen die Luft soweit gedrosselt werden müßte, daß Rückzündungen in der Düse vorkommen könnten. Zur Erreichung der gemeinsamen Maximalleistung muß auch der Rost seine Maximalleistung hergeben. Braunkohlenfeuerungen liegen jedoch meistens an Kaminen für natürlichen Zug, der nicht beliebig verstärkt werden kann. Im Sommer, wenn um die Mittagszeit infolge des verminderten Zuges die gesamte Dampfleistung zurückgeht, wird man auch in der Zusatzfeuerung nur eine schwache Stütze finden, denn beim Staubbetrieb geht der Unterdruck im Feuerraum und mit ihm die Rostleistung zurück. Es werden nun im Verhältnis zur Rohkohle zu große Staubmengen verfeuert und die Feuerraumtemperatur kann zu hoch werden. Dann kann es vorkommen, daß die Kohlenschicht auf dem Rost an der Oberfläche mit einer Schlackenschicht überzogen wird, welche den Luftdurchgang noch mehr hindert und die Rostleistung weiter herabsetzt. Schließlich kann durch die hohe Temperatur auch das Mauerwerk und das gußeiserne Kohlenwehr leiden. Bringt der Ventilator noch dazu zu wenig

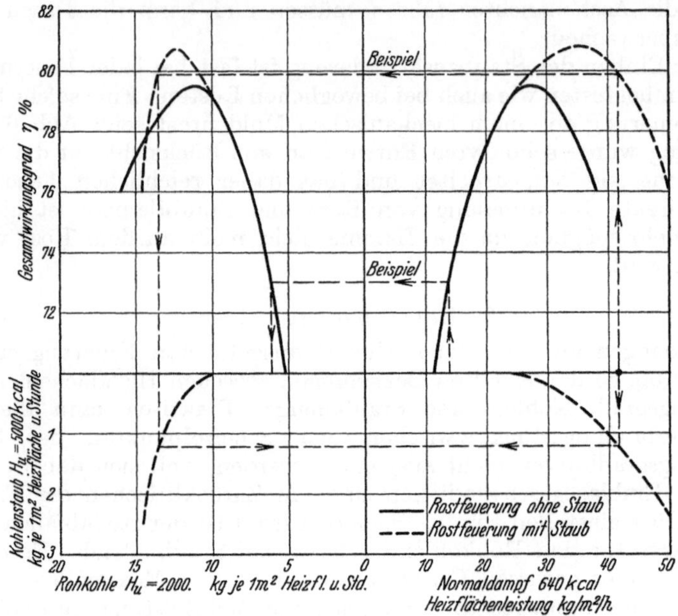

Abb. 63. Heizflächenleistung, Wirkungsgrad, Kohlen- und Staubverbrauch eines Kessels mit Treppenrost- und Braunkohlenstaub-Zusatzfeuerung.

Luft, so geht ein großer Teil des Staubes unverbrannt durch den Schornstein und die Nachverbrennungen können in den letzten Kesselzügen zu ganz ungewohnten Temperaturen führen.

Da man zur Erreichung der Maximalleistung den vollen Schornsteinzug braucht, muß der Kaminschieber ganz geöffnet werden. Die Ausrüstung einzelner Kessel mit Zusatzfeuerung stört daher die automatische Feuerungsregelung.

Durch das Umsaugen der Feuergase von einer Düse zur anderen kann in den Einblaserohren Kondenswasserbildung eintreten, die zum Festkleben des Staubes und zu Anfressungen der Rohre führt.

Das An- und Abstellen der Zusatzfeuerung bringt eine plötzliche Veränderung des Unterdruckes im Feuerraum mit sich. Bei Treppenrosten läßt sich bei diesem Übergang ein starkes Herausschlagen der Flammen nur schwer vermeiden.

Von der reinen Staubfeuerung unterscheidet sich die Staubzusatzfeuerung in folgenden wesentlichen Punkten:

1. Die Brennerzahl ist gering. Im allgemeinen wird auf jeden Rost nur eine Düse entfallen. Die Leistungsregelung muß daher durch Regelung der Staub- und der Luftmenge auf jede Düse erfolgen.

2. Die Zuführung von Sekundärluft in den Feuerraum ist nur in beschränktem Maße möglich. Man wird deshalb den Staub mit seiner vollen Verbrennungsluftmenge einblasen müssen. Um jedoch eine zu große Einblasegeschwindigkeit zu vermeiden, muß die Düse auf reichliche Streuung bemessen sein. Will man eine solche Düse auf geringere Leistung bringen, so muß mit dem Staub auch die Luft gedrosselt werden, die Zündgeschwindigkeit kann größer werden als die Einblasegeschwindigkeit, die Flamme kriecht in die Düse zurück und bringt sie zum Glühen.

3. Die für die Erreichung der Spitzenlast notwendige maximale Rostleistung kann nur dann erreicht werden, wenn im Feuerraum der für die Maximalleistung bei reinem Rostbetrieb erforderliche Unterdruck zur Verfügung steht. Ist dies nicht der Fall, so geht die Rostleistung zurück und es muß ein um so größerer Teil der Leistung vom Staub aufgebracht werden. Das wird selten möglich sein, weil der Ventilator nicht so reichlich bemessen wird. Reicht jedoch der Ventilator noch aus, so wird die Eintrittsgeschwindigkeit zu groß und dadurch die Brenndauer zu kurz, da ein Teil der Brennkammer als toter Raum betrachtet werden muß.

4. Bei Überlastungen der Brennkammer eintretende Nachverbrennungen in den letzten Rohrreihen können den Wasserumlauf ernstlich stören.

5. Da man der Einfachheit halber gern alle Einblaseleitungen eines Kessels an einen Ventilator anschließt und die Luftmenge mit einem Drosselschieber regelt, kann bei verschiedenem Unterdruck in den einzelnen Feuerungen, hervorgerufen durch ungleiche Kohle oder Schichtstärke, eine Feuerung aus der anderen durch die Einblaseleitungen heiße Gase ansaugen und die Rohrleitungen so stark erwärmen, daß beim Anfahren der Staubfeuerung der Staub schon in der Düse zündet und diese zum Glühen bringt. Man muß daher zur Sicherheit durch die Einblaseleitungen etwas Luft einsaugen, was unter Umständen den Wirkungsgrad drückt.

6. Es ist ungemein schwer, die Feuerführung, besonders der inneren Feuerungen, richtig zu beurteilen. Die Überwachung der Feuerführung, der maschinellen Antriebe und die Staubförderung erfordert das Personal wieder, das durch Ersparnis an Heizfläche frei wird. Eine Personalersparnis tritt daher kaum ein.

7. Die Möglichkeit von Betriebsunfällen wird durch Überfüllen der Bunker oder durch Ausfließen von Staub durch Undichtigkeiten oder aus Nachlässigkeit vergrößert.

Als besondere Vorteile sind dagegen zu nennen:

1. Bei ungleichmäßiger Belastung mit kurzzeitigen Spitzen wird durch Wegfall der Leerlaufverluste für die ersparten Spitzenkessel der Gesamtwirkungsgrad verbessert, auch wenn der Wirkungsgrad der Staubzusatzfeuerung nicht sehr gut ist.

2. Bei notwendigen Erweiterungen ist es durch Einbau der Zusatzfeuerung möglich, bedeutende Ersparnisse an Anlagekosten zu machen.

3. Bei stark schwankendem Betrieb ist die Zusatzfeuerung, da sie den Kessel in 4 bis 5 Minuten auf Spitzenleistung bringen kann, eine billige Betriebsreserve, welche die Sicherheit der Dampflieferung sehr erhöht.

4. Die Staubzusatzfeuerung ist nicht an eine bestimmte Rostbauart gebunden und kann fast stets nachträglich eingebaut werden.

5. Schwierigkeiten mit der Asche oder dem feuerfesten Material, die bei der reinen Staubfeuerung auftreten können, sind bei den niedrigen Temperaturen kaum zu befürchten. Die ausfallende Asche wird mit der Rostschlacke abgezogen. Bei harmloser Asche, welche nicht zu Ansinterungen neigt, wirkt die zeitweise Erhöhung der Gasgeschwindig keit stark reinigend auf die Heizflächen.

D. Allgemeine Forderungen.

IX. Die Auswahl der Feuerung.

Bei der Wahl der Feuerungen ist die Wirtschaftlichkeit der gesamten Dampferzeugung maßgebend. Ist der Anteil der Dampfkosten gering, am Gestehungspreis des Erzeugnisses gemessen, z. B. bei der Herstellung vieler Massenartikel des täglichen Gebrauchs, so wird die Frage der Wirtschaftlichkeit der Dampferzeugung in den Hintergrund gedrängt. Solche Betriebe verzichten daher am besten auf eine eigene Krafterzeugung und beziehen elektrische Energie aus einem öffentlichen Netz. Hoch wird der Anteil der Dampferzeugungskosten bei den Betrieben, welche billige Rohstoffe auf hochwertige Erzeugnisse verarbeiten und bei denen ein großer Bedarf an Dampf für Trocken-, Koch- oder Krafterzeugungszwecke vorliegt. Als Extrem können in dieser Beziehung die öffentlichen Elektrizitätswerke gelten, bei welchen außer den Kapitalkosten, die ja in jedem Betriebe auftreten, den Löhnen und den Posten für Schmier- und Putzmittel, nur noch die Kohlenkosten erscheinen. Einen Rohstoff für die Kilowattstunde im Sinne der Fabrikation gibt es überhaupt nicht. Ihr Rohstoff ist wärmetechnisch die Kohle. Den Elektrizitätsproduzenten nahe verwandt im Dampfbedarf sind die chemischen und metallurgischen Betriebe.

Um für solche Betriebe wieder die richtige Feuerung wählen zu können, muß berücksichtigt werden, ob der Dampfbedarf stets in gleicher Höhe bleibt oder ob er starken Schwankungen im Verlaufe des Tages oder eines längeren Zeitabschnittes unterworfen ist. Rechnet man im Kesselbetrieb mit einem Faktor der Betriebsbereitschaft η_b von 70 bis 80 %, so gibt dieser Wert, multipliziert mit dem Belastungsfaktor der Dampferzeugung η_d, der sich bei Elektrizitätswerken mit dem elektrischen Belastungsfaktor beinahe deckt, den höchstmöglichen Ausnutzungsfaktor $\eta_{a\,\max} = \eta_b \cdot \eta_d$; rechnet man dazu noch einen Reservefaktor η_r für die Leistungszunahme innerhalb der nächsten

Bauperiode, so ist das Produkt

$$\eta_b \cdot \eta_d \cdot \eta_r = \eta_a \tag{41}$$

dem als Ausnutzungsfaktor einer Anlage bezeichneten Wert.

Nimmt man für große öffentliche Elektrizitätswerke an:

$$\eta_b = 0{,}75, \qquad \eta_d = 0{,}50, \qquad \eta_r = 0{,}80,$$

so ist

$$\eta_a = 0{,}75 \cdot 0{,}50 \cdot 0{,}80 = 0{,}30.$$

Ein solches Werk ist also noch nicht einmal zu einem Drittel seiner Leistungsfähigkeit ausgenutzt. Als Beispiel ist in Abb. 64 der nach der

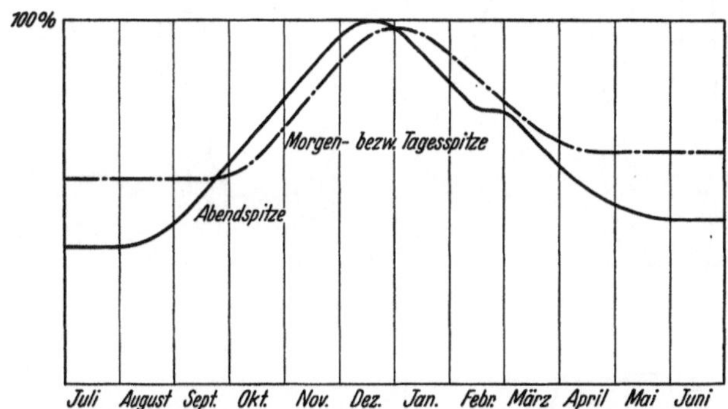

Abb. 64. Spitzenbedarf an elektrischer Energie einer Großstadt im Laufe eines Jahres.

Jahreszeit veränderliche Spitzenbedarf einer Großstadt gezeichnet.

Da der Kapitalkostenanteil

$$k = \frac{K}{\eta_a} \tag{42}$$

umgekehrt proportional dem Ausnutzungsfaktor ist, während der Kohlenkostenanteil ungefähr η_a direkt proportional ist, so müssen bei einem Werk mit geringem Ausnutzungsfaktor die Anlagekosten besonders niedrig gehalten werden. Das ist möglich durch Energiespeicherung in irgendeiner Form, oder durch stark überlastungsfähige Feuerungen und Kessel. Wenn auch das Absinken des Wirkungsgrades bei Überlastung in diesem Falle nicht von so schwerwiegendem Einfluß ist, so wird durch ihn doch in manchen Fällen die wirtschaftliche obere Grenze bestimmt. Von annähernd der gleichen Größenordnung sind die Stillstandsverluste in den Belastungspausen. Glücklicherweise sind die Feuerungen, welche stark überlastbar sind, im allgemeinen auch bei geringer Last den anderen überlegen und sie würden in allen wechselnden Betrieben ihre Geschwister bald verdrängt haben, wenn sie mit demselben Brennstoff betrieben werden könnten. Aber die zur Spitzendeckung besonders geeignete Staubfeuerung verlangt leider einen vorbereiteten Brennstoff, der, aus Braunkohle erzeugt, fast zum doppelten Wärmepreis der Rohkohle in den Handel kommt und auch bei Selbsterzeugung im Wärmepreis unbedingt teurer ist als die Rohkohle. Daher wird die Braunkohlenstaubfeuerung stets auf wenige besonders günstige Anwendungsfälle beschränkt bleiben, während der Steinkohlenstaubfeuerung, für welche der Staub zu billigerem Wärmepreis geliefert werden kann als Nußkohle, ein weiteres Anwendungsgebiet offen steht. Die Verwendung von Braunkohlenstaub wird sich deshalb zum Teil auf die Zusatzfeuerung beschränken müssen, wo nur für Spitzenbelastungen der teuere Braunkohlenstaub verbrannt zu werden braucht.

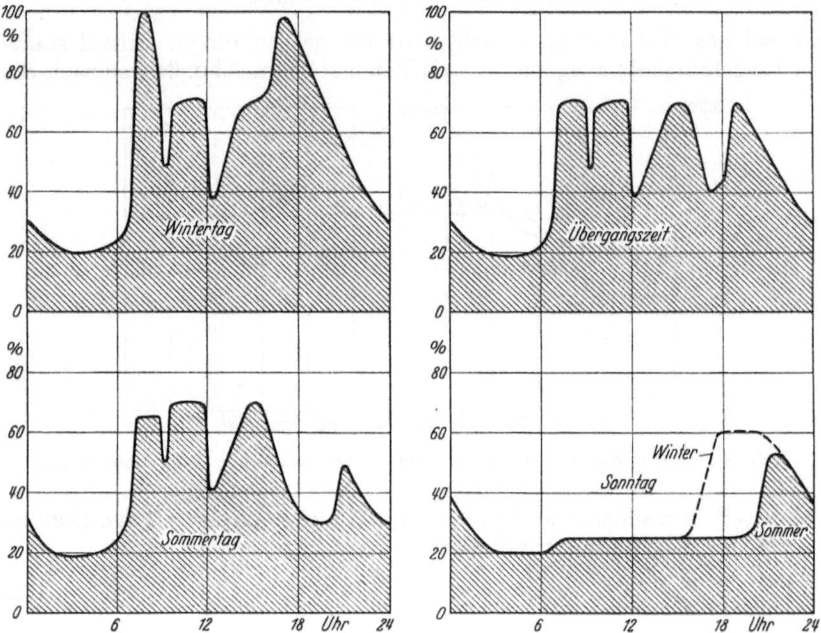

Abb. 65. Tagesbelastungsbilder einer Großstadt-Kraftversorgung zu verschiedenen Jahreszeiten.

In vielen Fällen werden die Wirtschaftlichkeitsberechnungen auch bei geringem Ausnutzungsfaktor die Verfeuerung von Rohkohle als die billigste Art ergeben. Für solche Betriebe ist es besonders schwer, eine Rohkohlenfeuerung zu finden, welche allen Belastungsschwankungen rasch genug und bei gutem Wirkungsgrad folgen kann. Das übliche Belastungsbild einer Großstadt-Kraftversorgung zu verschiedenen Jahreszeiten zeigt Abb. 65. Mit einer Braunkohle, die über die Hälfte ihres eigenen Gewichts vorerst verdampfen muß, bevor sie nutzbare Wärme abgeben kann, ist es nicht leicht, um 7 Uhr morgens, wenn die Fabriken ihre Maschinen anlaufen lassen, in wenigen Minuten die Dampferzeugung auf das Doppelte zu steigern. Der beste Teil des Betriebes ist in einem solchen Falle ein gutes Bedienungspersonal, das mit Gefühl seine Kessel schon vor dem Belastungssprung einsetzt. Das ist bei gut eingearbeiteten Leuten möglich, ohne daß das Manometer eine merkbare Schwankung zeigt. Haben Betriebe einen Belastungsfaktor = 100%, so wird

$$\eta_{a\max} = \eta_b \cdot \eta_r = 0{,}75 \cdot 0{,}80 = 0{,}60 .$$

Eine volle Ausnutzung der installierten Kapazität wird also auch in diesem Falle nicht möglich sein. Immerhin erhöht sich jedoch der Einfluß der Kohlenkosten gegenüber den anderen Kosten auf etwa das Doppelte. Solche Betriebe sind daher gezwungen, einen billigen Brennstoff zu suchen und ihn mit gutem Wirkungsgrad auszunutzen. Deshalb sehen wir in Deutschland einen großen Teil der chemischen Industrie nicht nur auf der Braunkohle angesiedelt, sondern auch als stärksten Schrittmacher aller Neuerungen auf feuerungs- und dampftechnischem Gebiet. Aber auch für sie fällt der wirtschaftliche Wirkungsgrad der Kohlenstaubfeuerung trotz des möglichen hohen Kesselwirkungsgrades noch geringer aus als der der direkten Verfeuerung von Rohkohle. Es herrscht deshalb überall dort das Streben, Rohkohlenfeuerungen mit bestem Wirkungsgrad zu erhalten.

Infolge des geringen Preises der Braunkohle fällt auch bei hohem Ausnutzungsfaktor der Anteil der Kapitalkosten noch schwer ins Gewicht und begründet das alle anderen Rücksichten überragende Streben nach hoher Heizflächenleistung und nach großen Kesseleinheiten. Für beide Forderungen schien noch vor wenigen Jahren die Kohlenstaubfeuerung die einzige Rettung. Doch der bedrängte Rostbau hat sich den erhöhten Forderungen rasch angepaßt und kann sie heute fast ausnahmslos erfüllen. Leider war er in den Inflationsjahren, wo viele große Bauten ausgeführt wurden, noch nicht so weit. Doch viele Betriebe stehen jedes zweite Jahr vor der Frage: Erweitern oder Leistung erhöhen?

Mit wenigen Ausnahmen, bei welchen noch andere Gründe mitsprechen, wird diese wirtschaftliche Frage stets mit Leistungserhöhung beantwortet werden müssen. Dafür stehen drei Wege zur Verfügung:

Mäßige Leistungserhöhung bei geringen Umbaukosten,

Starke Leistungserhöhung bei hohen Umbaukosten,

Kohlenstaubzusatzfeuerung.

Eine geringe Erhöhung der Leistung läßt sich oft ohne nennenswerte Umbauten schon durch bessere Ausnutzung des Verbrennungsraumes erreichen. Auch durch Einwirkung auf den Kohlenlieferanten kann bei Verfeuerung gleichmäßigerer Kohle die Kesselleistung erhöht werden.

Handelt es sich jedoch um eine Heraufsetzung der Leistungen um etwa 50%, so kann dies gewöhnlich nur durch einen vollständigen Umbau der Feuerung erreicht werden. Da jedoch der Kessel selbst nicht davon berührt wird, sind die Kosten noch immer bedeutend niedriger als bei Neuanlagen.

Die Erhöhung der Leistung durch Kohlenstaub-Zusatzfeuerung wird sich prozentual und auch preislich ungefähr in den gleichen Grenzen halten, da zwar große Feuerungsumbauten nicht notwendig sind, die Bunker, Rohrleitungen, Zuteil- und Einblaseapparate jedoch die Preisgleichheit wieder herstellen.

Ein Umbau auf reine Kohlenstaubfeuerung wird in den wenigsten Fällen in Betracht kommen, weil bei der unbedingt notwendigen Vergrößerung des Verbrennungsraumes die Kesselfundamente zu hinderlich sind. Auch würden die Kosten durch teilweisen Umbau des Kessels auf Strahlungsheizfläche bedeutend höher ausfallen.

Ein in den letzten Jahren stark in den Vordergrund geschobenes Gebiet ist das der selbsttätigen Leistungsregelung. Sie wird im allgemeinen auf konstanten Dampfdruck durchgeführt durch Beeinflussung der Kohlenzufuhr und der Rauchgasmenge. Durch viele Versuche ist nachgewiesen worden, daß ein Kessel bei Betrieb mit automatischem Feuerungsregler mit besserem Wirkungsgrad arbeitet als bei Handbedienung. Bei denjenigen Rohkohlenfeuerungen, welche eine direkte Beeinflussung der Kohlenzufuhr nicht ermöglichen, ist die Regelung durch die Rauchgasmenge allein sehr einfach, sie greift jedoch in einen sehr komplizierten Verbrennungsvorgang ein, den sie in seinen Endlagen auf diese einfache Weise nicht mehr beherrschen kann.

Ein großer Nachteil der automatischen Regelung besteht darin, daß sie nicht vorausdenken kann. Die Übernahme der im vorstehenden erwähnten Belastungsverhältnisse wird ihr daher nur bei größerer Kesselreserve möglich. Auch der Einbau verschiedenartiger Feuerungen, insbesondere der Kohlenstaub-Zusatzfeuerung, wirkt einer zentralen Regelung entgegen. Die Gründe, welche die Amerikaner zu so umfangreicher Anwendung der automatischen Regelung veranlassen, hohe Löhne und geringe Sachkenntnis des häufig wechselnden Personals, sind für Europa noch nicht maßgebend. Da wir genügend Auswahl in gutem Bedienungspersonal haben, beeinträchtigen automatisch wirkende Vorrichtungen nur die Aufmerksamkeit und das Pflichtbewußtsein des Bedienungsmannes. Im allgemeinen gilt, daß automatische Regelung um so mehr angebracht ist, je größer der Betrieb ist und je geringer die Schwankungen sind. Spitzenbetrieb wird auch von den Bedienungsleuten Spitzenleistungen verlangen.

Punkte, die bei Leistungserhöhungen nicht übersehen werden dürfen, sind, ob die Querschnitte der Rohrleitungen noch ausreichen und ob auch die Rauchgasquerschnitte sowie der Zug noch genügend sind. Verschiedenen Verbesserungsvorschlägen, wie Flugaschenfänger, Rippenrohrvorwärmer, haftet ein derartiger Zugverlust an, daß man oft vor die Wahl gestellt wird: Wirkungsgrad oder Leistung? Der nachträgliche Einbau von Saugzuganlagen, der konstruktiv nicht immer leicht zu bewältigen ist, vermöchte die Verhältnisse wohl zu bessern. Auch die Verwendung von Unterwind würde sich, wenn doch neue Feuerungen eingebaut werden sollen, erwägen lassen.

Einen außerordentlich günstigen Einfluß auf die Verbrennung muß vorgewärmte Verbrennungsluft haben. Je minderwertiger der Brennstoff, desto höher die Luftvorwärmung. Leider halten sich die Feuerungsfirmen in dieser Hinsicht noch viel zu sehr zurück. Wenn bei einer Feuerung durch Luftvorwärmung die Feuerraumtemperatur und damit die Abstrahlung stark erhöht werden kann, so steigt natürlich auch die Kesselleistung, möglicherweise sogar unter Verbesserung des Wirkungsgrades. Und da auch die ganze Dampftechnik auf eine Vorwärmung des Speisewassers durch Anzapfdampf hinzielt, wodurch für die Ausnutzung der Abgase nur noch die Luftvorwärmung zur Verfügung steht, wäre es für den Feuerungsbau höchste Zeit, selbst die Initiative zu ergreifen, statt auf das Drängen der Abnehmer zu warten. Man wird sogar, wenn nicht besondere Gründe entgegenstehen, die Einführung der Luftvorwärmung als die billigste Art der Leistungserhöhung bezeichnen müssen.

Untersucht man den Brennstoff, der bei Rohkohlenfeuerungen vor dem Ausbrennrost liegt, so findet man noch etwa die Hälfte des ursprünglichen Wassergehaltes. Theoretisch würde die auf 200° vorgewärmte Verbrennungsluft genügen, den gesamten Wassergehalt der Kohle zu verdampfen. Wenn auch nur ein geringerer Teil der warmen Luft durch die feuchte Kohle geht, so würde doch die Trocknung stärker sein als bei den derzeit üblichen meterhohen Vortrockenschächten. Kohle trocknen, heißt Leistung erhöhen oder bei gleicher Leistung Rostfläche sparen. Derartige Feuerungen können dann mit einem geringeren Kohleninhalt gebaut werden und können den Belastungsänderungen besser folgen.

Ein kleiner Nachteil ist allen mechanisch angetriebenen oder mit Saugzug bzw. Unterwind arbeitenden Feuerungen gemeinsam. Ein Versagen im Antrieb wirkt sich sofort auf die Dampfleistung aus. Die meisten Antriebe haben Elektromotore. Schon das Durchschlagen einer Sicherung kann störend wirken. Eine größere Störung kann den ganzen Betrieb stillegen. Betriebe, welche auf eine verläßliche Dampflieferung angewiesen sind, werden deshalb gut tun, ihre Feuerungsmotore umschaltbar an zwei unabhängige Netze anzuschließen.

X. Die weitere Entwicklung.

Die weitere Entwicklung in den nächsten Jahren ist für den Feuerungsbau unschwer vorauszusagen. Die überrasche Entwicklung der letzten Jahre wird einer allmählichen Festlegung auf bestimmte Konstruktionstypen weichen. Die Forderungen wirtschaftlicher Fertigung werden sich auch im Feuerungsbau in verstärktem Maße durchsetzen, es wird mehr Wert auf gute Detailkonstruktionen gelegt werden.

Viel schwieriger ist es, die fernere Entwicklung abzuschätzen in einer Zeit, wo die ganze Brennstofftechnik in einer gewaltigen Umwälzung begriffen ist. Die Verflüssigung der Kohle muß, wenn sie gegen die Naturvorkommen erfolgreich auftreten will, zu einer Verbilligung der Ölpreise führen, welche wieder den Verbrauch erhöht. Es wird früher oder später das Bestreben der Öltechnik werden, durch Preissenkung die Vorteile der Ölmaschinen soweit zu unterstützen, daß diese den Dampfmaschinen ebenbürtig werden. Ist diese Entwicklung einmal sichergestellt, so wird von allen Seiten die Forderung nach einer, der Dampfturbine ähnlichen, rotierenden Ölmaschine kommen. Und wenn es gelungen sein wird, diese in großen Einheiten betriebssicher herzustellen, wird die Dampftechnik, vielleicht in der Mehrstoffkraftmaschine, ein wirtschaftliches Äquivalent geschaffen haben. Und von dieser Seite wird immer wieder der Ruf an den Feuerungsbau ergehen, ihr den Kampf durch den Bau guter Feuerungen für schlechte Brennstoffe zu erleichtern. Die billige Rohkohle wird ihre feuerungstechnische Bedeutung nicht einbüßen. Gelingt es endlich, eine Energiespeicherung mit hohem Wirkungsgrad zu finden, so wird auch diese die Anwendung der Rohkohle als Brennstoff begünstigen. Wir können wohl sagen, die Frage der Energiespeicherung ist die wichtigste unserer ganzen Technik und ihre Lösung wird die gesamten Verfahren der Krafterzeugung beeinflussen.

Literaturverzeichnis.

Die Hinweise auf die als Quelle benutzten Arbeiten sind im Text durch die eingeklammerten, kursiv gesetzten Ordnungszahlen dieses Verzeichnisses gegeben.

(1) Vigener: Die Bedeutung der Braunkohle für die deutsche Wirtschaft, ein Weg zur weiteren Steigerung ihres Einflusses. Die Wärme. Jg. 49, S. 783.

(2) Rosin: Wirtschaftlichkeit der Braunkohlenstaubfeuerung. Braunkohle Jg. 26, S. 364.

(3) Herberg: Feuerungstechnik und Dampfkesselbetrieb. S. 75 u. 123. Berlin: Julius Springer 1922.

(4) Gramberg: Technische Messungen. Berlin: Julius Springer.

(5) Rosin: Das J.-T.-Diagramm der Verbrennung und der Wirkungsgrad von Öfen. Z. V. d. I. Jg. 71, S. 383ff.

(6) Schreiber: Das Kraftwerk Fortuna II, S. 37. W. de Gruyter 1925.

(7) Jaroschek: Brennstoffe und Feuerungen. Die Wärme. Jg. 51, S. 153.

(8) Berner: Braunkohlenroste. Die Wärme. Jg. 50, S. 733ff.

(9) Lomschakoff: Vorschubrost für beliebige Kohlensorten. Die Wärme. Jg. 49, S. 652.

(10) Nissen: Kohlenstaub oder Rostfeuerung. Arch. Wärmewirtsch. Jg. 9, S. 56.

(11) Mittag: Die Herstellung des Kohlenstaubes für Staubfeuerungen. Zeitschrift für Dampfkessel- und Maschinenbetrieb, Jg. 1921.

(12) Rosin: Eigenart der Braunkohlenstaubfeuerung. Arch. Wärmewirtsch. Jg. 7, S. 245.

(13) Helbig: Brennstaub, Aufbereitung und Verfeuerung. S. 97. Verlag Knapp, Halle a. d. S. 1924.

(14) Rosin: Die thermodynamischen Grundlagen der Braunkohlenstaubfeuerung. Braunkohle. Jg. 24, S. 241ff.

(15) Haak: Die Gleichstrom-Gleichdruck-Brennkammer für Kohlenstaubfeuerungen. Arch. Wärmewirtsch. Jg. 7, S. 279.

(16) Kaiser: Die Bedeutung und Ausbildung der Strahlungsheizflächen. Die Wärme. Jg. 51, S. 49.

(17) Kaspers: Herstellung und Verwendung von rheinischem Braunkohlenstaub. Braunkohle. Jg. 26, S. 405.

(18) Rothe: Kohlenstaubzusatzfeuerungen an den Hochdruckkesseln der Brikettfabrik Emanuel der Bubiag, Werksdirektion Wittenberg. Braunkohle. Jg. 27, S. 335.

Literaturverzeichnis

Brennstoff und Verbrennung. Von Dr. **D. Aufhäuser,** Inhaber der Thermochemischen Versuchsanstalt zu Hamburg.

I. Teil: Brennstoff. Mit 16 Abbildungen im Text und zahlreichen Tabellen. V, 116 Seiten. 1926. RM 4.20

II. Teil: Verbrennung. Mit 13 Abbildungen im Text. IV, 107 Seiten. 1928. RM 4.20

I. und II. Teil gebunden RM 10.—

Handbuch der Feuerungstechnik und des Dampfkesselbetriebes unter besonderer Berücksichtigung der Wärmewirtschaft von Dr.-Ing. **Georg Herberg,** Stuttgart, Ingenieurbüro für Kraft- und Wärmewirtschaft. Vierte, erweiterte Auflage. Mit 84 Textabbildungen, 118 Zahlentafeln sowie 54 Rechnungsbeispielen. XII, 447 Seiten. 1928. Gebunden RM 23.50

Kohlenstaubfeuerungen. Bericht, dem Reichskohlenrat erstattet im Auftrage seines technisch-wirtschaftlichen Sachverständigen-Ausschusses für Brennstoffverwendung. Von **Hermann Bleibtreu,** Ober-Ingenieur der Wärmezweigstelle Saar des Vereins Deutscher Eisenhüttenleute in Saarbrücken. Herausgegeben vom Reichskohlenrat. Zweite, neubearbeitete und vermehrte Auflage. In Vorbereitung.

Über wärmetechnische Vorgänge der Kohlenstaubfeuerung unter besonderer Berücksichtigung ihrer Verwendung für Lokomotivkessel. Von Dr.-Ing. **Fritz Hinz.** Mit 28 Textabbildungen. V, 77 Seiten. 1928. RM 7.50

Verbrennungslehre und Feuerungstechnik. Von Dipl.-Ing. **Franz Seufert,** Ober-Ingenieur für Wärmewirtschaft. Zweite, verbesserte Auflage. Mit 19 Abbildungen, 15 Zahlentafeln und vielen Berechnungsbeispielen. IV, 128 Seiten. 1923. RM 2.60

Technische Wärmelehre der Gase und Dämpfe. Eine Einführung für Ingenieure und Studierende. Von Studienrat a. D. **Franz Seufert,** Oberingenieur für Wärmewirtschaft. Dritte, verbesserte Auflage. Mit 26 Textabbildungen und 5 Zahlentafeln. IV, 84 Seiten. 1923. RM 1.80

Bau und Berechnung der Verbrennungskraftmaschinen. Eine Einführung von Dipl.-Ing. **Franz Seufert,** Oberingenieur für Wärmewirtschaft. Fünfte, verbesserte Auflage. Mit 106 Abbildungen im Text und auf 3 Tafeln. V, 138 Seiten. 1927. RM 4.—

Brand-Seufert, Technische Untersuchungsmethoden zur Betriebsüberwachung insbesondere zur Überwachung des Dampfbetriebes. Zugleich ein Leitfaden für Maschinenbaulaboratorien technischer Lehranstalten. Neu herausgegeben von Dipl.-Ing. **Franz Seufert,** Oberingenieur für Wärmewirtschaft. Fünfte, verbesserte und erweiterte Auflage. Mit 334 Abbildungen, einer lithographischen Tafel und vielen Zahlentafeln. X, 430 Seiten. 1926. Gebunden RM 29.40

Die Trocknung und Schwelung der Braunkohle durch Spülgase. Von Oberingenieur Dr.-Ing. Dr. jur. **B. Hilliger,** Berlin. Mit 45 Abbildungen im Text und 2 Rechentafeln. IV, 128 Seiten. 1926. RM 10.50